建築・都市のプロジェクトマネジメント

クリエイティブな企画と運営

山根 格
Tadashi Yamane

学芸出版社

はじめに

この本は、プロジェクトマネジメントとは何かということを広く学びたい人、建築・都市開発の勉強・研究をしたい人、あるいは建築・都市開発の仕事をし始めた人にとっての入門書である。

特に1章は、あらゆる分野の人に広く扉が開かれている。少しとっつきにくいプロジェクトマネジメントに関する基本的な言葉や領域、課題の整理を、できるだけ直感的に頭に入っていくように、身近な例を挙げながらわかりやすく記述している。

2章以降は、建築・都市開発の分野を対象にしている。2章は社会背景や社会課題の認識の話に始まり、建築・都市開発分野におけるプロジェクトマネジメントの概念と目的を総論としてまとめている。3章はプロジェクトマネジメント業務の流れと組織の立ち上げについて述べている。4章と5章はやや専門的な内容になる。4章は企画段階のプロジェクトマネジメントの3つの柱になる考え方、5章は実行段階のプロジェクトマネジメントの実践を中心に論を進めている。建築・都市開発が対象ではあるが、2章と3章はもちろん、4章以降も、様々な分野に応用がきくと考えている。

学生だけでなく、この分野の初心者を読者に想定しているが、その道のプロフェッショナルの方々にも時間があれば手にとって目を通していただきたい。都市・建築開発に関わる人、つまりディベロッパー（開発事業者）、投資家、建築設計者、デザイナー、コンサルタント、工事施工者、建材メーカー、施設経営会社、施設管理運営会社、行政担当者などである。

プロの皆さんは、こんなことは百も承知、あるいは現実はしがらみだらけでこんな単純な話ではないとおっしゃるかもしれない。しかし、皆さん、頭が固くなって過去の成功例のトレースばかりしていませんか。内向きになっていて本質的なことが疎かになっていませんか。数字の奴隷になって最初の理想を簡単に諦めていませんか。マーケティングレポートを鵜呑みにしたり、理念や思想までコンサルタントや広告代理店に丸投げしていませんか。皆さんご自分の胸に手をあてて考えてみてください。

日本の都市の空間や景観をもっと魅力的にするために、国内外の多くの人が楽しみ交流できる場や機会を創造するために、豊かな気持ちで働いたり快適に暮らせる環境を整備するために、そして社会の様々な課題を解決するために、皆さんも一緒にクリエイティブなプロジェクトマネジメントを考えてみませんか。

山根 格

目次

1 章

プロジェクトマネジメントの扉を開く

たとえば、君が大手不動産会社に就職して1年間の研修の後、最初の仕事として京都の中規模分譲マンション開発物件の企画を任されたとしよう。

会社は当然収益を上げなくてはいけないので、まず、「利回り」10%というハードルを設定するだろう。荒っぽく言うと、10年で最初の投資額を回収する開発企画を立てるようにという指令である。そして、3年後の祇園祭の前に何とかオープンさせるよう「スケジュール」を組み立てることと付け加える。

京都について修学旅行くらいしか行ったことがない君は、最初に資料調査・文献調査で「事前調査」を行う。京都で開発経験のある先輩にレクチャーを受け、京都に詳しい同僚に裏情報を聞き、京都の本を数冊斜め読みして、基礎的な予備知識を身につけた上で京都に乗り込む。さあ、街と敷地周辺と敷地の「現地調査」からスタートだ。京都の街の骨格、風土、都市景観を歩き回って見て、町家に宿をとり、世界遺産や国宝を訪れ、京都の食や文化を堪能する。そして、少し冷静になって、敷地の周辺を調べ、交通を調べ、法律や条例を調べ、敷地の履歴と建築条件を調べる。競合するマンションもいくつか覗いてみる。

君はまずこう「目標」を立てる。自分が体験した京都らしい文化や風情を感じられるアイデアに富んだ空間を「デザイン」しようと。京都の人だけでなく、国内外の京都の文化が好きな人に買ってもらえるようなマンションを開発しようと。

次に「企画」である。いきなり君は大きな葛藤にさらされる。マーケティング会社の凡庸なレポートを片手に簡単な「事業企画」を立ててみると、周辺のマンションの実態に合わせて、決められた容積の中で、できるだけ多くの住戸を効率第一で売りやすいようにプランニングし、できるだけ工事費を安くあげ、できるだけ早く完成させた方が、当然収支はよくなる。ただその計画と工事費では、君がやりたかった京都らしい空間は実現できそうにない。また、京都の開発は京都特有の「リスク」がある。周辺に権威ある目利きが多く、彼らの要求は多彩で、法律を守っていても思わぬところが予期せぬ壁になる。神社や寺院、近隣などから時に禅問答のような要求が出てきたりする。行政も開発に協力的とは言えない。それも京都らしさのうちである。
しかし、そこで諦めてはいけない。そこからがスタートだ。路地や中庭のある京都らしい「空間とデザイン」を持ち込み、美しい都市景観を再構築したり、住む人に京都の風情を堪能してもらえる質の高い「建築企画」を考えなければいけない。つまりマンションの様々な「価値」を上げることに挑戦するのだ。マンションの価値が上がれば、街の価値も上がるのだ。
「コスト」をマネジメントするということは、コストを安くするということではない。単純に考えても、住戸数が減ってもあるいは工事費が増えても、その分住戸の販売価格が上がれば良いわけである。君は知恵と知識を総動員し、君の思いを実現してくれる最高のプロフェッショナル軍団を雇って「プロジェクトチームを編成」し、論理的に粘り強く会社の上司を説得していく。そうして、成果を1つ1つ積み上げていくことが信用につながり、実績になり、やがて仕事を任せてもらえるようになる。それが真のプロフェッショナルになる唯一の道だ。

1.1　6つのキーワード

最初に、プロジェクトマネジメントに関する基礎的なキーワードについて簡単に触れておこう。まずはアメリカのプロジェクトマネジメント協会が発行するプロジェクトマネジメントのバイブル『A Guide to the Project Management Body of Knowledge』(プロジェクトマネジメント知識体系ガイド。日本語版もある。以下 PMBOK と略記)に紹介されている6つだけ覚えてほしい。

「プロジェクト」

普通に会社や組織で日常的に行っている定常的な業務と異なり、ある目的を遂行したり目標を達成するために、特別なチームを時には外部組織の力を借りて編成し、決められた期間と予算の中で実行する業務が

「プロジェクト」だ。定常業務は、プロジェクトが生みだした成果やビジネスを継続していく業務と考えるとわかりやすい。1人でやることもあれば数千人でやることもあり、短期間のものから長期間のものまで様々である。新しい商品開発、システムやビジネスモデルの開発から、建築・都市開発、インフラの整備、組織の将来構想の企画、アイドルの育成と売り出し企画、ビッグイベントなど、プロジェクトには様々な事例がある。

「プロジェクトの有期性」

プロジェクトには必ず始まりと終わりがある。成果品が完成し、プロジェクトの目的が達成されると、プロジェクトは終わる。プロジェクトが何らかの要因で中止になった時もプロジェクトの終了である。そして、プロジェクトに関わった組織やチームは解散となる。つまり、すべてのプロジェクトは有期性の業務なのである。

しかし、プロジェクトが生みだす成果に対する社会的・経済的な評価は、たとえば開発した商品がマーケットにどう受け入れられるかという点で、プロジェクト終了後も延々と続くことの方が一般的である。プロジェクトマネジメントの成果に対する評価は、プロジェクト終了時に当初の要求された事項を満たし目標をクリアしたかどうかで実施されるのが今までの考え方であるが、終了後の社会の継続的な評価をプロジェクトマネジメントの概念に持ち込むことが重要だと考えている。

「プロジェクトマネジメント」

プロジェクトマネジメントとは、そのプロジェクトで要求される事項を満たし、決められた目標や成果をクリアするために、「知識」「スキル」「ツール」「技法」、そして「経験値」を、プロジェクトを企画し実行していく活動に統合的に適用していくことである。

「プロジェクトマネジャー」

プロジェクトマネジャーとはプロジェクトを企画・実行する組織であ

る**「プロジェクトチーム」**の中心となり、プロジェクトの成果と目標の達成に責任を負う人のことである。

図1　プロジェクトマネジメントの関係図

「プロジェクトの段階」

一般的に、プロジェクトは、プロジェクトを立ち上げポートフォリオを成果とする「初期」、様々な行為や要件や変更を調整しながらプロジェクトを実行していく「中間」、承認から引渡しあるいは開業あるいは発売に至る「最終」の3段階で構成される。プロジェクトに応じてさらに段階は細分化されている。本書では、初期段階を「企画段階」、中間段階を「実行段階」(最終段階は紙面の都合で本書では取り扱わない)として扱うこととする。

「ステークホルダー」

プロジェクトに積極的に関与する組織・個人と、プロジェクトの成果から自分たちの利害にプラスまたはマイナスの影響を受ける組織・個人のこと。逆に言えば、プロジェクトの成否に大きな影響を及ぼす集団でもある。通常のプロジェクトは複数のステークホルダーが関わり、それぞれの要求や価値の置き方や利害は一致していないことが多い。プロジェクトマネジメントはステークホルダーマネジメントだと言い切る人もいるくらいである。

1.2　9つの領域

より個性的で他より優れた成果を期限通りに創造するには、プロジェクトの企画と実行を、限りある人と時間と金を的確に配分し、より確実に効率的にクリエイティブに行うことが、鍵になる。

そのため、プロジェクトの業務の構成要素を、領域ごと、段階ごとに科学的・客観的に分類・分析し、標準化・共通化・ツール化していく必要がある。その上で、プロジェクト固有のアレンジを加えていく。ここで「プロジェクトマネジメント」の概念が登場する。プロジェクトマネジメントとは、一言で言えば、プロジェクトを企画し実行していくためのプロセスごとの基本的な枠組みと知識体系である。その確立された知識、スキル、ツール、技法をうまく適用してプロジェクトを効率よく企画・実行し、プロジェクト固有の創造的な部分に可能な限り知恵とエネルギーをかけて、プロジェクトをより高い確率で成功に導くことである。

また、プロジェクトを成功させるためには、プロジェクトマネジャーの能力とプロジェクトチームの編成が鍵になる。プロジェクトチームは組織内の人材で構成することが基本となるが、プロジェクトの段階に合わせて、必要なタイミングで、要求に合った専門性を持った人を、他の組織から呼び寄せたり、他の組織に職能の一部をアウトソースしたりしてチームを補強することとの合わせ技になる。もちろん、国際化の時代だ。人材は世界中を見渡して調達してくることが重要なのは言うまでもない。

先に紹介したPMBOKでは、プロジェクトマネジメントのプロセスを9つの領域に分けて整理・解説している。図2はその要約である。

1.3 目的を見失わないこと

プロジェクトをより確実に効率的に行うことは手段であり、目的はあくまでも良いものをつくることである。一般的にプロジェクトマネジメントは、効率よくプロジェクトを遂行し会社や関係者が利益を確保することを目的として導入されることが多いように思う。また、研究論文でもそのような方向性で様々に分析され解説されている。さらに、様々なプロジェクトに関わっていると、マネジメントそのものが目的化してし

①統合マネジメント

プロジェクトの以下に示す領域と様々な要素を識別、定義し、それぞれの整合性とのバランスをとりながら調整し、統合していくという、いわばプロジェクト全体を進めていくのに必要なプロセス

②スコープマネジメント

プロジェクトを成功に導くために必要な作業を、段階ごとに過不足なく確実に入れ込んでいくために必要なプロセス

③スケジュールマネジメント（タイムマネジメント）

プロジェクトを予定通り完成させるために必要なプロセス

④コストマネジメント

プロジェクトを承認された事業予算内で完成させるために必要なプロセス

⑤品質マネジメント

プロジェクトが所定の品質目標を満たすことを確実にするために必要なプロセス

⑥人的資源マネジメント

プロジェクトチームを編成・組織化し、プロジェクトメンバーを育成して、プロジェクトを完成まで運営するのに必要なプロセス

⑦コミュニケーションマネジメント

プロジェクトに関わるすべてのステークホルダーと協議、調整、合意形成を行い、プロジェクトを進めるために必要な決定を行い、プロジェクトを完成まで運営するのに必要なプロセス

⑧リスクマネジメント

プロジェクトで想定されるリスクを分析し、適切な対応・監視を行い、プロジェクトを完成まで運営するのに必要なプロセス

⑨調達マネジメント

プロジェクトに使用される製品、材料、サービスの購入・調達・取得、およびそれらに関する契約についてのマネジメントプロセス

図2　プロジェクトマネジメント9つの領域（PMBOKより）

まい何のためにやっているかわからないケースも多々ある。そして、やや乱暴な言い方をすれば、プロジェクトマネジメントは、フロー社会、グローバルスタンダード、金融、消費、成長を前提に組み立てられたモノ中心の社会構造の中で、その事業性・収益性に重心が置かれていると感じることが多い。

しかし、プロジェクトの成功について考えてみよう。ある商品を開発するとして、プロジェクトを効率よく運営し同じ土俵の他のプロジェクトの半分の人件費で完成させたり、予定より１ヶ月も早く商品化できたりすることは素晴らしいことだが、結局、その商品が優れていて市場に受け入れられなければ、それはなんの意味も持たない。

建築の開発を例にとってみよう。効率よくプロジェクトを運営し、予算通り、スケジュール通りに完成させ、開発事業者は利益を上げ、さらには、オフィスも商業施設もテナントが埋まれば、プロジェクトは大成功を収めたかに見える。

しかし、建築の存在意義は、都市や地域における社会的、経済的、文化的な価値を創造することに他ならない。経済的価値の創造とは、その建築開発プロジェクトに関わるすべての会社が利益を上げるだけではなく、新しくできた空間や施設が新しいビジネスやサービスの場と機会を提供できるかが問われる。また、社会的価値を創造する役割は大変大きい。たとえば、筆者が企画段階に関わった「東京スカイツリー」は東京

左：写真１　東京スカイツリー
右：写真２　東急プラザ表参道原宿

の北東地区の景観を一変させ、スカイツリーが見えるレストランやマンションの価値を上げた。東京・原宿の「東急プラザ表参道原宿」は、それまで人の流れが途切れていた表参道と原宿の人の流れを創造し、賑わいと賑わい、街と街を繋げた。

建築を通して新たに生みだされる機能や空間、景観やデザインが、都市や地域を再構成し成熟に導き、その中で営まれる様々な行為やサービスが、雇用や収益を生み、新しいビジネスを誘導し、交流を生み文化を発信するのだ。それが、プロジェクトの価値であり目的である。そのために、プロジェクトマネジメントを持ち込むのだ。

1.4 プロジェクトの組み立て方

先にも述べた通り、PMBOKでは、プロジェクトマネジメントは「初期」「中間」「最終」の3段階で定義されているが、本書では、「企画」と「実行」の2段階で考えることとする。

まず企画段階は、プロジェクトという電車を軌道に乗せるという最も自由度が高く楽しく取り組める段階である。プロジェクトは当然オリジナルのもので、仮に過去にあったプロジェクトと似ていたり反復性の高いプロジェクトはあっても、必ず以前に行われていない要素が含まれているから、成果も他にはない独自性を持つ。成果を大きく左右することになる、企画段階のプロジェクトの進め方のポイントをまとめてみよう。

〈企画段階のプロジェクトの進め方のポイント〉

①プロジェクトの哲学・目標を決定する
②プロジェクトを大きく捉える、全体を捉える、遠くから見る
③不確実性が高い段階なので、様々な視点からプロジェクトを捉える
⑤調査・分析を行い論理構築を行う
⑥直感を働かせ面白い案を考える
⑦プロジェクトの実現可能性をスタディする
⑧変更に対しては柔軟に、時には一からやり直す

⑨組織内の意思決定機関と合意し支援を取りつける
⑩ステークホルダーと合意形成を行う

プロジェクトをより創造的に組み立てるためには、常に、両面からのアプローチが必要だ。

1つは、調査・分析を行い、論理を客観的・普遍的に構築していくプロセスだ。調査の仕方は、プロジェクトの種類によって異なるが、ほとんどは、「誰に売るのか」「どの地域を対象に行うのか」「どこにつくるのか」の3つの視点の組み合わせである。つまり、買ってくれる人の属性・所得・年齢・志向・要求あるいは標準価格相場など概ねマーケティングと呼ばれている調査と、ビジネス対象地域の特徴・風土・文化・風習・賑わい・観光資源など社会科学的な調査と、拠点となる場所の交通・景観・空間・デザイン・法律、建築開発であれば敷地の特性といった都市計画学・建築学的な調査である。方法は文献調査と現地調査を組み合わせる。

ところが、調査・分析からだけでは、実は、似通ったあまり面白い結論にならないことが多い。マーケティングレポートが予想通りの結果になっていることも多い。会社の役員会を通すだけならそれで十分かもしれないが、創造的なものや誰も見たことがない新しいもの、あるいは、抜群の競争力を持つものを企画開発するには、アンテナを研ぎ澄まし直感を働かせ、既成概念をほとんど捨て、会社や組織の顔色を伺わず、魅力的で挑戦的な案を考えることが不可欠だ。手垢まみれの人にはとても思いつかないもの、荒削りでも骨太のもの、何かわからないけれどオーラを放つものを企画しよう。企画段階で60点のものは、最後は40点で終わる。企画段階で90点を目指したものが最終的には70点以上取れる可能性が高い。

企画段階では、プロジェクトによってはごく少人数で秘密裏に船出するものも多い。まだステークホルダーの種類・数は多くないが、プロジェクトの鍵を握る重要ステークホルダーは初期から関わることが多く、またむしろ初期段階は自由度が高いために、意外にコミットメントの幅が大きい。彼らとの合意は不可欠である。それには、皆がワクワクする企画案、皆がこれはいけると自信を持つ、言い換えると、プロジェクトに関わる人が誇りを持てる企画案をつくることが最も重要である。

そして、プレゼンテーションである。プレゼンテーションについては多くの本や情報があり、様々なソフトもあり、教育も充実している。TED（Technology Entertainment Design）のプレゼンも大いに勉強になる。実際、最近の学生はプレゼン用パワーポイントのスキルも高く、あとはいかに相手の心を掴むかにかかっている。

episode 1　Michael Bednerのチャーミングなプレゼンテーション

多くの海外の建築家やインテリアデザイナーと仕事をしていると、彼らのプレゼンテーションのうまさに感心することが多い。ここでは、相手の心をつかむプレゼンについて１つエピソードを紹介する。

横浜のクイーンズスクエアのホテルと商業施設の設計を担当していた筆者は、当時、アメリカの世界最大級のインテリア事務所Hirsch/ BednerのCEO兼インテリアデザイナーであったMichael Bednerと協同してパンパシフィック横浜（現在の横浜ベイホテル東急）をつくった。彼は、本当にプレゼンの名人で、まるで、いつも演劇を見ているようであった。

ある時、開発事業者に対してホテルのインテリアについての大プレゼンテーションを行った。前日、限られたメンバーで開発事業者のトップの１人にプレゼン内容を事前に見せたところ、そのトップからレストランの椅子が気に入らないから替えてくれという注文があった。

翌日のプレゼンで、何と、Michaelはそのトップとハラハラするメンバーを横目に、気に入らないと言われた椅子をプレゼンボードに貼ったまま説明を行った。そして最後に、その椅子の写真をプレゼンボードから剥ぎ取り丸めて捨て、新しい椅子の写真を貼ってこう言った。「私たちは、いつも最高の案を考え提案するデザイナーだ。しかし、私たちはそれ以上に柔軟なデザイナーだ。クライアントに指摘を受け、変更した方が良いと思えば、何のためらいもなく変更する」。直後、場内から拍手喝采が沸き起こった。

1.5　プロジェクトマネジャーに必要なスキルと資質

さて、ここまでプロジェクトマネジメントの背景と基本的な骨格について述べてきた。次に、プロジェクトマネジャーの資質について考えてみよう。

マネジメントの神様であるP.F.ドラッガーは、あらゆる職能のマネジャーの仕事として次の５つを挙げている（『マネジメント　基本と原則』上田惇生訳、ダイヤモンド社、2001）。

〈マネジャーの仕事〉

①目標を設定する
②組織する
③動機づけとコミュニケーションを図る
④評価を測定する
⑤人材を開発する

そしてその資質について「真摯さ」が唯一最大の不可欠な条件だと断言する。

次にPMBOKでは、一般的なマネジメントに関する知識とスキルと人間関係に関するスキルについて次のように述べている。一般的なマネジメントに関するスキルは、プロジェクトマネジメントの基礎となる知識とスキルで、プロジェクトマネジャーに必須と言われている。

〈プロジェクトマネジャーに必須の知識とスキル〉

①財務管理と会計
②購買と調達
③販売とマーケティング
④契約と商法
⑤製造と配達

⑥物流システムと供給網
⑦戦略計画、戦術計画、業務計画
⑧組織構造、組織行動、要員管理、給与、福利厚生、職務経験
⑨健康と安全に関する実務慣行
⑩情報技術

これらは、基本的には学習と経験である程度のレベルまでは誰でも身につけることが可能である。向き・不向きというより、プロジェクトマネジャーが持っていてほしい基本的な知識とスキルの話だ。

一方、人間関係のスキルはそうはいかない。学習も経験も必要だが、もう少しその人の基本的な資質に寄りかかるところが多い。

〈プロジェクトマネジャーが有すべき人間関係のスキル〉

①効果的なコミュニケーション
②組織への影響力
③リーダーシップ
④動機づけ
⑤交渉およびコンフリクトマネジメント
⑥課題解決力

これらの知識とスキルはもちろん必要なのだが、それだけではうまくいかない。その資質として最も不可欠なものは、統合的・横断的な力、つまり全体を捉える能力である。あらゆるプロジェクト環境は多様化・複合化・国際化してきている。特に事業の形態の多様化・複合化、最近の経済情勢の急激な変化とそれに伴う人々の価値観の変化がプロジェクトに最も大きな影響を与えている。また、技術やシステム・材料・工法の進歩、多様な法整備、環境問題などが、プロジェクトの全体像の把握、問題の抽出と解決策の発見、知識の統合、的確で妥当な判断・意思決定などをさらに難しくしているのだ。そこで大切なのが、プロジェクトマネジャーの全体の把握力・統合力ということになる。

それぞれのデザインや技術の専門化・細分化はますます進みつつあるが、その一方で、プロジェクト実現のために解くべき課題はますます包括的・総合的なものとなってきている。細分化された専門家の知識をいくら寄せ集めても、高度な解決策が見当たらず、あるいは専門家の構成や、個人の声の大きさに強く影響された偏った解決が導かれる。どんどん進む専門分野の細分化・深度化により、多くの深い知識と経験を身につけた専門家（デザイナー・技術者など）が生まれる一方、関連分野すべての基礎知識を持ち、異分野の専門家と議論し、全体を見据えつつ統括的に業務をリードし結論を導き出す、つまり、横断的に統合していく人材が必要とされているのである。

次に、プロジェクトの価値と寿命に大きな影響を及ぼす経済原理・市場原理に対する理解と、それを包括してしまえる度量がプロジェクトマネジャーには必要だ。

どんなに優れた建築プランニングでも、美しいデザインの商品でも、見事なビジネスモデルでも、事業として成立しないものはプロジェクトとして成立しない。オーナーの一声でものをつくっていた幸福な時代は終わり、現在は資本は外資と日本、組織と個人が入り乱れ、求められる運用期間も利回りも様々という状況である。プレーヤーを見ても、実行する組織もいろいろな会社組織が関わることが増えている。官と民の役割分担や協同の枠組みも大きく動きつつある。建築・都市開発の世界でも、ディベロッパーも特定目的会社（SPC）などをつくり、多様な手法で開発を仕掛け、官民共同のPPP（4章－4参照）、不動産の証券化など、およそ建築とはかけ離れた言葉が飛び交い、競争力と付加価値がより強く求められるようになった。

しかし、経済原理・市場原理の奴隷となってはならない。あらゆるプロジェクトで、経済原理・市場原理の図式の理解と基礎的な知識を持ちながら、うまくそれを手のうちに入れて柔軟にマネジメントをして、より創造的な成果を得ることが、プロジェクトマネジャーに求められる資質ということになる。お金を知ればお金に負けない。

さて、もう１つ、『The Complete Idiot’s Guide to Project Management』

（G. Michael Campbell & Sunny Baker 著、日本語版『世界一わかりやすいプロジェクトマネジメント』中嶋秀隆訳、総合法令出版、2011）という本で、プロジェクトマネジャーの７つの資質が紹介されている。これはなかなか示唆に富んでいるので、筆者の解説を加えて紹介する。

〈プロジェクトマネジャーに求められる７つの資質〉

①プロジェクトへの情熱

情熱を持ち続けるとが一番大切で、一番難しい。

②変更管理の能力

変更は日常茶飯事なので、落胆しないで、淡々とこなしていく。変更をチャンスに変えてより良い方向に導くことも腕のうち。

③曖昧さへの耐性

権限が明確でないチームの場合、物事がなかなか決まらないことが多い。したたかな忍耐力と適切な処理能力が必要だ。この適性が高い人がプロジェクトの推進力が強いことがわかる。

④チーム育成と交渉のスキル

チームを育てることが実はプロジェクトマネジャーの重要な仕事である。権限と責任をうまく移譲したり、時には思い切ってチャンスを与えたりすることが肝要。

⑤顧客第一の志向

意外に忘れがち。特に長期的なプロジェクトでは、往々にしてマネジメントのためのマネジメントに陥ってしまうリスクが高い。

⑥ビジネスの優先課題の堅持

競争優位性の確保と組織文化への適合を常に照らし合わせて、業務をリードしていくことが求められる。

⑦業界と技術の知識

業界の慣例やしきたりも少し知っておかないとうまくいかないことが多い。

上記だけでもなかなか膝を打つ内容だが、この７つに３つの資質を加えよう。

⑧企画力・発想力

・魅力的で実現可能な企画を立てる力

・過去の成功例にとらわれない自由な発想

・革新的な思考

⑨デザインを扱うセンスと能力

・デザインへの知識と理解

・デザインに対する評価

・デザインとコスト、スケジュール、リスクの関連を捉える力

⑩コミュニケーション力

・プロジェクト全体を見据えながら、様々な関係者の思想・目的・利害を調整する力

・言葉の力、文章の力、絵（スケッチ・図面）のスキル。どれか1つでも得意なものがあれば良い。

これらを全部持ち合わせている人は、世の中にはいない。プロジェクトは団体戦なので、チーム全体で、これらの資質をカバーしていくようなプロジェクトチームをうまく組織すればよいのだ。

1.6　合意形成は、賛成よりも納得を引き出す

1–全員の賛成でなく、納得を得られる解決を

プロジェクトが実行段階に入ると合意形成のハードルがさらに上がる。企画段階は夢を語り、解決が難しい課題は先送りすることもできるが、実行段階では、様々な現実がより具体的に詳細に次から次へと現れる。ステークホルダーの真剣味も増してくる。品質やデザイン、コスト、スケジュール、リスクといった要素の戦いが本格化するのだ。それぞれのステークホルダーにより、利害や価値観は異なる。つまりその戦いの拠り所が異なるから厄介である。

ここで重要なことは、次から次に現れるそれぞれの課題について、すべてのステークホルダーが均等に利益を得て全員が満足するような解決を毎回導き出すことは不可能だということだ。つまり、全員の賛成（agree）を取りつけることは不可能に近い。しかし、プロジェクトマネジャーが目指すべきは、それぞれの課題について、ステークホルダーが何に引っかかっているのかを検証し、そして、品質やデザインとコストやスケジュール、リスクをバランスさせて、皆が納得（understand）する解決案を提示することである。つまり、「私は会社としてこの解決案には賛同はできませんが、でも納得はしますのでこれで進めてください（I don't agree, but I understand）」という状況をつくりだすことだ。それが合意形成である。

実行段階の合意形成には、課題の的確な設定と、いかに優れた解決案が提示できるかにかかっている。そして、ほとんどのプロジェクトで、課題と解決案は複数の領域にまたがっているため、横断型のアプローチが不可欠である。

解決案を考える時の拠り所とプロジェクトとの主な整合性は以下の通りである。

〈解決案とプロジェクトの整合性〉

①プロジェクトの哲学・目的・目標との整合性
②組織の特性との整合性
③顧客の特性との整合性
④地域、社会、環境との整合性
④獲得すべき品質・デザインとの整合性
⑤コストとの整合性
⑥スケジュール（短期・長期）との整合性

〈解決案の主な指標〉

①全体的指標×部分的指標
②外部的指標×内部的指標

③客観的指標×主観的指標
④組織的指標×属人的指標
⑤合意形成の難易度が高い×低い
⑥リスクが高い×低い

2–ステークホルダーは総論賛成・各論反対

たとえば、念願の小さな洋服店を渋谷のファッションビルに出すチャンスが訪れたとしよう。その店が成功し客を集めれば、そのファッションビルの他の店舗にも客が流れ、全体の宣伝効果にもなる。つまり、「店を出し成功する」という目標を出店者とビルオーナーは共有しているわけである。総論賛成だ。

しかし、各論になると色々なことが起こってくる。ビルオーナーとまず、床を借りるために、家賃やその他の条件の交渉をしなければいけない。出店者は、家賃をできるだけ安くしてもらいたいが、そのファッションビルは人気がありテナントのウェイティングリストは一杯でそう簡単にはいかない。そこで、ビジネスのリスクを下げるために、固定家賃をできるだけ低くして売上げに対する歩合家賃を大きくしてほしいと考える。しかし、オーナーは、安定した収入を毎月確保したいから、当然固定家賃の比率を上げた提案をしてくるはずだ。

また、店のインテリアをつくるための資金の半分は銀行が貸してくれることになった。銀行も融資するわけだから不良債権になっては困る。そのプロジェクトの成功は総論では賛成なのだ。しかし、返済期間や利子は融通が利かず、出店者の都合に合わせて柔軟に対応してくれるわけではない。

様々なプロジェクトの中でも建築・都市開発は、最も多くのステークホルダーが関わってくると言えるだろう。

〈プロジェクトに直接的に関わるステークホルダー〉

①開発事業者（ディベロッパー）
②投資家：銀行、ファンド

③経営者
④運営者
⑤キーテナント、テナント
⑥設計者、デザイナー（インテリア、ランドスケープ、照明）
⑦コンサルタント（企画、マーケティング、コスト、運営）
⑧施工者、調達者
⑨所轄行政
⑩近隣

開発事業者が、プロジェクトの企画と実行の中心に座り、プロジェクトの総合的なバランスをとりながら、成功に導く役割を果たす。もちろん、自分の会社に利益をもたらさなければいけないし、昨今はREIT（不動産投資信託）などの市場で評価される建物をつくらなければいけない。

プロジェクトの資金を出すのは、広い意味での投資家ということになる。銀行やファンドである。投資家には組織もあれば、個人というケースもある。もちろん日本の会社とは限らない。彼らも総論ではプロジェクトが成功し利回りや利子を予定通りに返してもらわないと困る。したがって、たとえば、都市の景観やデザインの話については、事業性が変わらないのにコストがかかることにはまず乗ってこない。スケジュールが延びることは議論にもならない。しかし、コストがかかっても事業性がそれ以上に向上することをきちんと数字で証明さえできれば、意外にGOサインが簡単に出ることもある。

運営者についてはホテルを例にとってみるとわかりやすい。開発事業者は建築・都市開発の専門家であるが、ホテルの運営についてはプロではない。つまり、ホテルを運営して利益を出すことは得意ではない。一方、ホテル運営会社はホテル運営のプロであるが、開発のプロではない。たとえば、三井不動産が中心になって開発した「日本橋三井タワーで」はマンダリンオリエンタルにホテル運営を委託し、「東京ミッドタウン」ではリッツカールトンに委託している。ホテル運営会社は原則、一部の内装と家具や備品以外に建物をつくるコストを負担するわけではない。

しかし、ブランドを維持し、運営をやりやすいように、建築のプランニングから開発事業者が契約するインテリアデザイナーの選定まで様々な提案をしてくる。開発事業者にとっては、すべてを受け入れるとコストがとんでもなく上昇するので、様々なタフな調整をホテル運営会社とすることになる。

建築家はステークホルダーの中では唯一、計画・デザイン・技術の力と技を駆使し、街の景観や都市空間や人の流れと建築本体を総合的にバランスさせて創造する職能であり、プロジェクトの成功と特に社会的な評価に大きな役割を果たす。インテリアデザイナーはインテリアの空間構成とデザインで建築家と似た役割を果たすが、顧客の評価に直結する点では建築家よりある意味シビアである

所轄行政は、都市計画から開発行為、建築確認申請、消防、衛生などに関するプロジェクトの許認可を司る。彼らは、街全体のことを考え、他の事業者と可能な限り公平になるように法規と前例に照らして様々な指導を行うが、かなりの頻度で、コストやスケジュールといった事業性や、プランニングやデザイン、特に運営とぶつかる。歩道にカフェの席を出すのに特区をとらなければいけなかったり、ロビーに屋台を出すのに保健所の許可をとるのがこんなに大変な国はないだろう。

以上見てきたように、様々なステークホルダーは、総論つまりそのプロジェクトの成功という目標は共有しているが、各論つまり、コスト、スケジュール、リスク、合意形成、デザイン、品質では利害関係が少なからず異なり、それぞれの立場で様々にコミットしてくるということである。

3–見えないステークホルダーこそが大事

さて、先に紹介したステークホルダーは直接プロジェクトに関わる、いわば直接やりとりする目に見えるステークホルダーである。目に見えるステークホルダーとの調整は大変な仕事であるが、プロジェクトには実はもう１つ重要でさらに厄介なステークホルダーが存在する。

〈プロジェクトに間接的に関わるステークホルダー〉

①社会・地域・環境
②顧客
③未来のビジネスパートナー、未来のテナント
④影響力のある評価者

彼らは、もちろん、コスト、スケジュール、合意形成には関係しない。しかし、デザイン、品質に対しては、その完成後の結果をシビアに評価し、開発の価値を決めてしまうという点で、最も重要なステークホルダーと言えるだろう。

4–ステークホルダーのDNAを知る

筆者は建築に関わる計画、設計、マスタープラン、プロジェクトマネジメント、コンサルティングを30年以上行ってきているが、特にこの10年は、中国と台湾の仕事が増えている。そこで気がついたのが、会議に出てくる人、決定する人、反対する人、力を貸してくれる人、プロジェクトを動かしているのはすべて人であり、その人がどのステークホルダーの組織に属しているかということだけでは、うまくすべてが解読しきれない、つまり、コミュニケーションマネジメントが進まないのだ。ステークホルダーの利害関係調整は、まずは組織の立ち位置と利害関係を理解し明確にすることが前提となるが、実は、組織を代表してプロジェクトに関わる個人のDNAと社会背景を理解することが大変重要であることに気づいた。

特に近年のプロジェクトは、ステークホルダーの多様化と国際化が進んでいる。つまり、様々な文化的・社会的背景を持った組織と個人が関係しており、相互相違への理解がコミュニケーションと合意形成には不可欠になっている。

人の特性については、ギアード・ホフステッドが提唱する5原則（文化・社会の5つの基軸）がかなり的を得た分析になっている（峯本展夫『プロジェクトマネジメント・プロフェッショナル』生産性出版、2007より引用）。

〈ギアード・ホフステッドが提唱する文化・社会の 5 つの基軸〉

①個人主義×集団主義
②縦社会×フラット社会（役職、年齢、性別等）
③不確実性回避の傾向：強い×弱い
④男性的社会の傾向：強い×弱い
⑤長期志向×短期志向

それに加え、筆者は自身のプロジェクト経験を通して、以下のような 7 つの基軸が大なり小なりあると考える。

〈筆者が考える人の特性に関する文化・社会の 7 つの基軸〉

①経験主義×冒険主義
②組織中心（組織への忠誠心）×プロジェクト中心
③合理的・哲学的 × 感覚的・感情的
④デザインオリエンティッド：強い × 弱い
⑤バランス派 × ディテール派
⑥調和型 × 挑発型
⑦ルーツ・DNA への思い入れ：強い × 弱い

中国でのプロジェクトにおいて相手のトップへのプレゼンテーションでは、概して、「この案はまったく新しく、世界のどこにもないアイデアです」という企画案の先進性と、その案がいかに合理的で利益をもたらすかの両面で組み立て説明すればうまくいくことが多い。これは、中国の経営者層は、経験主義より冒険主義の割合が高く、判断基準はあくまで組織主義より個人主義で、不確実性の回避はそれほど重視しておらず、プロジェクト中心のスタンスで、合理主義であることが多いからである。

日本では、逆に、「これは別のトップ企業で使っていますとか、効果が実証されたデータです」というと、うまくいくことが多い。また、何かに突出して優れた提案よりも、あらゆることがうまくバランスしている「打たれ強い案」が喜ばれる。これは、日本の経営者は、組織、株主、役員会など様々な組織的なプロセスと調和に重きを置き、経験を重んじ、不確実性は可能な限り回避したいと考えるからである。

どちらか良い悪いではなく、プロジェクトに関わる人は、様々な文化的・社会的背景を持っていて、それをお互いに学び、多様性を理解しあって進めていくことが重要ということである。

episode 2　会長の心を掴んだ出身地の建築様式へのオマージュ

2013年に台湾のある開発会社から、台湾の東海岸にある花蓮という都市の海沿いの景勝地に建設するリゾートホテルの基本計画案、つまり開発の基本コンセプト、デザインコンセプト、配置計画、ゾーニング、プランニング、外観デザインなどの計画を作成してほしいという依頼を受けた。

花蓮は海と山並みに挟まれた南北に細長く伸びている街で、イメージとしては神戸に少し近い。つまり、海側も山側もともに眺望が良く、リゾートホテルとしては計画しやすい場所なのだが、困ったことに、敷地と海との間にあまり見栄えの良くない倉庫があり、1階レベルからは海もほとんど見えなかった。そこで、ロビーを3階レベルに配置し、波打つ大きな緑地をつくり、プール、レストラン、スパなどを独立したパビリオンとして配置する案を提案した。

その会社の会長は、中国の客家出身で、客家の民族や文化に対する思い入れが言葉の端々に感じられた。そこで客家特有の建築様式である福建土楼に対するオマージュとして、配置するパビリオンをすべて円形として、現代的な福建土楼の集落に見立て、大いに喜ばれた。

左：図3　プレゼンテーションで使用したCGレンダリング
右：写真3　福建土楼

1.7　解決の選択ではなく、創造するコミュニケーション

1-コミュニケーションは異文化交流

多くのプロジェクトはこうして様々な組織と人が関わるが、プロジェクトマネジメントにおけるコミュニケーションマネジメントとは、つまるところ、「プロジェクトに関わる組織と人の文化・社会背景を、ゆるやかに柔軟に抱え込んでの信頼構築と合意形成」であると言える。

様々な文化・社会背景を持つ人とコミュニケーションをスムーズに行うために、とにかくまずは旅行に出ることをお勧めする。「百聞は一見に如かず」とはよく言ったもので、自分と異なる文化・社会背景を持つ国・都市・地域に出かけ、時間の許す限り街や村を歩き回り、人と交流し、その土地の食べ物を食べ、文化・芸術・エンターテイメントに浸り、建築空間の中に身を置く。そして、興味が湧いたことは徹底的に調べる。そのような経験が、様々な異なる文化・社会背景を持つ人を理解する一歩となるはずだ。

コミュニケーションのやり方には大きく分けて、「フォーマル」「セミフォーマル」「インフォーマル」の３つの方法がある。

１つめは、文章や口頭での説明・解説、そして設計図書や仕様書といった具体的に情報や仕様が表現されるもの、会議の議事録などである。これは、正式なコミュニケーション手段で、聴く人や見る人によって、あるいは、その場に出席していない人にとってもほとんど受け取り方が変わらず、また変わってはいけない手段であり、正式な履歴としてプロジェクトが完了するまで残される。

２つめは、主としてメール、電話、SNS などを通したセミフォーマルなコミュニケーションで、簡単で、大量の情報を一度に発信でき、カジュアルなコミュニケーションができるという点では便利な方法であるが、精度が低く、誤解を生むことも多く、いわば両刃の刀である。使い方に注意が必要である。

最後の３つめは、経験上意外に効果的で重要な方法である。それは、

表情や挙動（文章であれば行間であろうか）、そしてつきあいという人間臭いインフォーマルなメッセージ手段である。

一般的に、欧米人は、契約社会に身を置いているので、1つめのフォーマルなコミュニケーションが有効で、どんな細かいことでもちゃんと文章にして説明し履歴を残すべきと言う人が多い。行間や表情なんて読まないし役に立たないというわけだ。それに対し日本人は、ニュアンスを大事にするので、面と向かってはっきり細かく言うよりむしろ、言葉が足りなくても表情のちょっとした動きで理解しあえる、いわゆる「あ・うん」の呼吸というやつだ。また中国では、仕事の後の宴席が会議よりはるかに重要で、実はそこで大事なことが決まるし、信頼関係も培われると言われている。こうした違いは、半分は的を射ているが、半分はプロジェクトに関わる人の特性次第である。いずれにしても、この3つのコミュニケーションの方法をうまく使い分け、様々な文化・社会背景を持つ人と交流していくことがコミュニケーションマネジメントの面白さである。まさに、コミュニケーションは異文化交流なのだ。

2−言葉と実行による信頼関係の構築

合意形成をスムーズに進めるには、そしてより高い価値を獲得するためには、信頼関係の構築が大前提となる。信頼関係の構築は、皆を納得させる提案ができるかということと、もう1つ重要なのは、言葉の約束と実行を積み重ねることである。

言葉と行動の基本は、プロジェクトの会議やプレゼンテーションの場で言葉にして約束したことを合意したスケジュール通りに着実に実行し事実に変えていくことである。コミュニケーションマネジメントは、この気の遠くなるほどの着実な積み重ねである。

さらには、プロジェクトに間接的に関わる目に見えないステークホルダー（社会・地域・環境、顧客、未来のビジネスパートナー・未来のテナント、影響力のある評価者）との信頼関係の構築を意識してプロジェクトを進めなくてはいけない。特に、地域との信頼構築は重要なポイントで、プロジェクトの進行に合わせて、イベントやセミナーあるいはパーティなどで、地域の企業や住民と事業者が交流を深めたり、社会や地域への貢献をわかりやすい形で情報発信することも重要である。また、未来のビジネスパートナー・未来のテナントとの信頼構築には、テナント決定後も、関心がある企業や新しいビジネスに取り組んでいる組織や個人との情報交換や交流が欠かせない。

3–結論からいくか、プロセスから始めるか

コミュニケーションには、想定される結論をまず述べ、その後で根拠や理由を話していく方法と、プロセスを丁寧に話し結論に至る理論を時系列にあるいは体系だって述べていき最後に結論を話す方法の２つがある。これも、どちらが良いかということではなく、局面、話す相手、トピックによって使い分けるべきものである。

一般的に、社長、市長などの最終意思決定者に説明やプレゼンを行う時は、相手が忙しいこと、案件を多く抱えていることが前提なので、結論をより具体的に明解に先に宣言してしまい、その後で、結論を出すに至った大きな論理や根拠、最後にそれの根拠となるプロセスやデータを話す方が成功の確率が高い。時間が限られたプレゼンでも同様である。

一方、相手が実務担当者や許認可の担当者であると、プロセスから説明を始める方が良いだろう。根拠になる理論やデータを飛ばして結論を話しても、なかなか納得をしてくれない場合が多い。また、彼らは、自分の所属する組織の最終意思決定者に自ら説明を行うことを前提に聞いているので、彼らの立場に立って、相手によって強弱をうまくつけた論理的な組み立てをしてあげることが重要である。

4–解決案は選択ではなく創造

コミュニケーションマネジメントが最もうまくいく形は、ステークホルダーがWIN－WINの関係になることである。LOSE－LOSEは論外だが、WIN－LOSEの関係で話がまとまったとしても、その時はなんとか切り抜けられたとしても、何らかのしこりが残り、どこかでプロジェクトがうまくいかなくなる。

WIN－WINの関係をつくるには、3つのプロセスがある。まずは、プロジェクトや組織そして課題の属性・内容に関する、より正確で多面的に見た情報を共有するということだ。次に、その課題に対してより客観的で精度が高い分析と評価資料を作成することだ。比較資料の作成も有効だ。そして、課題に対応する専門的な知識やスキルを統合して、チームにいない時は、その専門家を加えて、公正で、レベルが高く、皆が納得する解決案を組立てることである。

解決案の提示の仕方には、2つの重要なポイントがある。

1つめは、二者択一、all or nothingではなく、「いくつかの要素をバランスさせたもの」となるということだ。マネジメントとは、複数の要素を、状況に合わせてより高度にバランスさせながら進める行為である。すべての要素、たとえば、すべての人が満足し、スケジュールも何の問題もなく、品質は上がり、デザインは良くなり、そしてコストは安いなどということばかりであればプロジェクトマネジメントもプロジェクトマネジャーも必要ない。それぞれの要素が、複雑な関係を持ちながら綱引きを行っているわけで、それらをうまくバランスさせ、より良い答え、より成果が出る答え、そして実行可能な答えを導き出すことが重要である。

2つめは、解決案の提示は、「選択ではなく新しい創造」であるということだ。ステークホルダーたちは会議に様々な提案を持ってくる。それらは、基本的にはプロジェクト全体を視野に入れつつも、より自分たち組織への利益や便宜を図った案であることが多い。誰も、自分や自分の会社が不利になることは提案しない。海外のステークホルダーは特にはっきりしている。それらの案のどれかを選択すると、他のステークホルダーには不利になることが多く、プロジェクト全体の価値を損なうこともある。コミュニケーションマネジメントとは、どの意見を選択するかではなく、それをすべて聞き理解して、プロジェクトの本質的な価値や想定される成果に照らし合わせて、まったく新しい解決案を提示することなのである。つまり、皆が納得する解決案の提示こそが、コミュニケーションマネジメントにおいて最も重要なことなのである。

1.8　意外に簡単なお金のしくみ

1–コストの基本的な構成

多くの人はコストと聞いただけで、体が拒否反応を示す。しかし実は、その基本的な概念は至極単純明快であり、日常的なものである。

コストという舞台に登場する主役は、実は３人しかいない。コストには、「初期コスト」と「運営コスト」の２つがあり、運営コストは、「営業収入」と「営業支出」の２つの関係で構成される。営業収入から営業支出を引いたものが「営業利益」だ。減価償却と税金のことはいったん置いておこう。

たとえば、自由が丘でカフェの経営を始めるとする。まずは「初期コスト」について考えてみよう。カフェにちょうど良い物件を見つけてから、カフェをオープンさせるまでに、様々なお金がかかる。有名コーヒーチェーンに負けないようなデザインの空間とするには、ある程度インテリアにこだわりお金をかける必要がある。厨房機器やコーヒーメーカーやカップを買わなければ商売にならないし、パソコンやPOSなどのシステムも買う必要がある。オープン１ヶ月前には、開業の準備で、従業員やアルバイトを雇いトレーニングやシミュレーションをやることになる。広告宣伝費もそれなりにかかる。これらはすべて、営業を始める前、つまり収入がない時にかかる費用である。これが「初期コスト」だ。

次に「運営コスト」について考えてみよう。「営業収入」は、コーヒーやケーキやサンドイッチを売って得られる収入である。「営業支出」は、コーヒー豆やケーキやサンドイッチの材料費、従業員やアルバイトの人件費、毎月の家賃、業者に外注する清掃費。これら基本的な支出に加えて、税金もかかるし、使い勝手の悪いところを改修する費用も発生する。その営業収入から営業支出を引いたものが「営業利益」である。

2–事業収支の組み立て方

さて、先のカフェは、１ヶ月の営業収入が200万円で、人件費や材料費や税金などの営業支出が150万円だとする。そして、家賃が月当たり30万円とする。つまり、営業利益は1ヶ月で20万円となる。毎月20万円の利益が残るから、1年で240万円儲かるはずだ。

しかし、インテリアの工事費に1,200万円、厨房機器やコーヒーメーカーやカップに600万円、その他、デザイナーの設計料や確認申請料や開業準備のための雑費用も入れると600万円、合計2,400万円の初期コストがかかっている。

ということは、マイナス2,400万円からスタートして、毎年240万円ずつ戻していくわけだから、単純に考えると初期コストを回収するのに10年かかるのである。これが事業収支の企画だ。

事業収支の企画とは、プロジェクトを始める前つまり企画段階で、初期コストと営業収支の関係を考え、そのプロジェクトの収益の目処を立てることである。最も一般的な事業収支は、「(営業収入－営業支出)÷初期投資額」の数値がいくらになるかを見ることである。これがNOI(Net Operating Income、純利益、4章-5参照)だ。その数字を見て、プロジェクトをやるかやめるかの判断を行い、やると決断したら、NOIの数字をよくするために、初期コストを抑える工夫をしたり、営業収入を上げる手立てを考えたりする。すべてのプロジェクトはこうしてスタートする。

3-コストマネジメントでの基本的なバランス

次に、コストマネジメントにおけるバランスの話である。なるほど、プロジェクトで儲けようとしたら、初期コストを抑えて、あるいは運営支出を抑えて、運営収入を上げればいい。それであれば、NOIを50%にすることも楽勝だ。ところが話はそう甘くはない。

初期コスト、営業収入、営業支出はリンクしている。先のカフェの話に戻すと、初期コストを減らすために、まずテナント料(家賃)を半分にしようとする。そうすると、今まで、電車の駅から2分のところに想定していたカフェの場所が、そのテナント料では駅から15分の場所になってしまうだろう。そうすると、カフェにやってくる客数は確実に減り、売上げは半減し、営業収入は減ってしまう。また、初期コストを減らすためにインテリアのグレードを落とすとする。競合するコーヒーチェーンより安っぽいインテリアで、同じ値段のコーヒーを出していては競争にならないので、コーヒーの値段を下げることになる。つまり、営業収入が減る。

逆もまたしかりである。コーヒーを有名コーヒーチェーン以上の値段で売るために、インテリアにお金をかけて高級感を出し差別化を図り、営業収入を上げようとする。つまり初期コストの負担が大きくなる。

そこで営業支出を減らすために、人件費や材料費を削れば数字は良くなるかといえば、サービスレベルが大きく落ち込み、コーヒーを安く売らなければ、客離れを起こすであろう。

このように、初期コスト、営業収入、営業支出はお互いリンクしていて、それぞれの数字は、マーケットや市場原理で決まるので、3つの要素のバランスを考えることがコストマネジメントということになる。

4−限られたお金の賢い使い方

コストマネジメントにおいて、バランスを考えることと両輪をなし、より知恵のかけどころなのは、限られたお金をどこに、どう配分するかである。プロジェクトの最も大切な部分にお金をかけ、重要度が低いところは徹底してコストダウンを図る、このメリハリをつけることがポイントである。

たとえば、先のカフェの初期コストで考えてみる。50万円の中で二者択一を迫られたとする。1つめの選択肢は、カフェの中に専用のトイレをつくるという案。客の立場からすればあった方が良いに決まっている。2つめの選択肢は、トイレは、テナントビルにある共用のものを使ってもらい、その代わり、Wifiをどの席でも自由に使えるようにするという案。想定される客のニーズと睨めっこして考えることになる。

コストマネジメントはコストカットでもないし、コストコントロールとも異なる。限られたコストの中で、横断的に情報を分析して、様々な要素をバランスさせながら、プロジェクトの固有の価値に対してより良い成果に結びつく方に配分していくという、これまた、創造的な仕事なのである。

1.9　遅れを出さないスケジュールの立て方

1-積み上げでなくゴールから配分する

どんなプロジェクトでも始まりと終わりがある。始まりは曖昧なこともあるが、終わりはほとんどの場合、はじめから決まっている。プロジェクトは、期限というゴールに合わせて成果を完成させなければならない。

プロジェクトのゴールは政治的な理由あるいはビジネスの理由で決まることが多い。オリンピックのような国家プロジェクトから会社の○周年に合わせたプロジェクトもあれば、法律が厳しい方向で改正される前に駆け込み申請をしたり、消費税が上がる前に大きな契約をすることはどこの国でも普通にあることだ。スキーリゾートをつくるなら、スキーシーズンの前にオープンさせないと意味がないし、商業施設なら、日本であれば、クリスマスやゴールデンウィークに、中国であれば国慶節や正月に間に合わせるはずだ。

〈プロジェクトのゴールを決定する要因〉

①国家的イベント
②会社・組織のイベント
③政治家や企業のトップのスケジュール
④ハイシーズンなど大きな収益が見込まれる時期
⑤法律・制度・税制の変更
⑥雇用などのタイミング
⑦ Fast track：可能な限り早く

ゴールが、そういったイベント主導で決まる以上、企画段階のスケジュールの作成は、１つ１つを積み上げて足し算で組み立てるのではなく、ゴールから割り振っていくのが基本である。配分の基本は、規模や内容が類似するプロジェクトを複数探し、そのスケジュールを参考にして大きな流れを組み立て、以下の固有の要素を加味して行う。

〈スケジュールに影響する固有の要素〉

①プロジェクトの特徴
②プロジェクトの目的
③ステークホルダーの特徴
④許認可
⑤特殊な計画条件・特殊な地域条件

2−遠くから見るマスタースケジュール、近くから見る実行スケジュール

スケジュールマネジメントでは、3種類のスケジュールを作成する（4章−5、5章−3参照）。

スケジュールマネジメントの基本は、全体像を常に見ることのできる、つまり遠くから見る「マスタースケジュール」を作成することから始まる。マスタースケジュールは憲法のようなもので基本的には大きな修正をしない。原則A3で1ページ。開始と終了、承認と決定、契約と発注、許認可申請と検査、引渡しと開業など、重要な節目を漏らさず明示する。プロジェクトマネジメントは全体と部分のフィードバック作業の連続であるため、常にマスタースケジュールに照らし合わせることが重要になる。

次に、マスタースケジュールに沿って、遠くと近くを両方見ることができるプロジェクトの段階ごとの「実行スケジュール」を作成する。ここでは、それぞれのステークホルダーの関係や、業務の順番と相関関係・前後関係、承認と決定に至るプロセス、意思決定会議や重要な会議を明確にする。数回の調整はあっても基本的には大きな変更をしないことが原則である。

さらに、段階ごとのスケジュールに沿って近くから見る、つまり日常的にプロジェクトを動かしていくための「課題解決スケジュール」を作成する。ここでは、誰がいつまでに何をやり何を決めるかの詳細を明ら

かにする。この課題解決スケジュールは、日常的に調整される。

3–スケジュールを遅らせる要因は何か

スケジュールを遅らせる最大の要因は、なんといっても、ステークホルダーが多く利害関係が複雑で、合意、承認、確認に手間がかかることだ。

特にプロジェクト期間が長期にわたる場合、ゴールまでの時間が充分にあれば、厳しい判断や難しい議案の合意を先送りする傾向が強く、スケジュールがずれこむピンチに見舞われやすい。また、長期にわたるプロジェクトは、組織のトップの交代で、プロジェクトに対する組織の支援が失われてしまうことがある。短期プロジェクトの方が、たとえ超特急プロジェクトでも、その点ではマネジメントしやすい。

特に、ものづくりを伴うプロジェクトは、ものづくりの手順、ステップが時系列に決まっていて入れ替えができない。可能なものからやっていくことができないのだ。したがって、まだまだ時間があるように見えても、実はデッドラインが近いということが多い。そして、スケジュールの遅延や停滞は、コストを直撃することも忘れてはならない。

デザインと品質の向上は常にコストとの戦いとなることは理解しやすいが、時にはスケジュールとも相容れない。品質を向上させる新しいデザイン要素をプロジェクトに持ち込むと、スケジュールが長期化する方向に働きやすい。品質とデザインは、スケジュールとバランスをとるようにして取捨選択をしていかなければならない。もちろん、本質的な品質の向上が明らかな時や、デザインの素晴らしさがほとんどのステークホルダーの心を打つような時には、スケジュールを変更してでも対応しなくてはならない。

そのほか、時間を取られると予測される要因を明らかにすることが重要である。チーム内に必要な専門的職能が欠けているため検証に時間がかかったり、官僚主義の塊のような許認可の担当者がいたり、歴史的な保存地区で暗黙の規制が厳しかったり、プロジェクトにより様々である。

スケジュールマネジメントは、工場生産のように時間を管理することとは異なる。重要なことや本質的な価値につながることにはじっくり時間をかけ、早く合意を取りつけるべきであっても難易度が高いことは、やはり時間をかけて必要十分な検討資料を作成する。逆に、どのプロジェクトでも同じようなプロセスを辿るところは徹底的に省エネで進める。時間の使い方にメリハリをつけてマネジメントしていくということだ。

1.10 リスクは頻度とインパクトで決まる

1−予想できるリスク、予想できないリスク

まず、リスクの種類について考えてみよう。リスクには予め予想できるリスクと予想できないリスクがある。過去の類似事例から想定できるもの、プロジェクトの構造や構成から論理的に割り出すことが可能なものは比較的予想が立てやすい。また、関わる組織の特徴や建築開発であれば敷地のある地域社会の特徴から来るものも想定しやすい。また、プロジェクトが通常に比べて特殊な条件を持っていると、それがリスクの震源地になる可能性が多い。

予想は可能であるが、かなり難しく当たり外れが多いものは、なんといっても経済状況の変化である。また、法律や制度の改正や技術の進歩なども大きな流れで捉えることはできるが、政治状況やインパクトのある事件の影響を受けるので、予想が難しいものの1つだ。

予想できないリスクは、組織のトップが交代して、プロジェクトに対するスタンスが180度変わってしまうとか、キーパーソンがいなくなる、あるいは、リーマンショックや大きな災害や原発事故のように社会全体の価値観や消費構造を一気に変えてしまう事件などである。

2−リスクは頻度とインパクトのマトリクス

リスクの本質は2つの項目のマトリクスになっている。「リスクの起こる頻度」と「リスクが起こった時のプロジェクトに与えるインパクト」である（図4）。

頻繁に起こる可能性があるリスクであってもプロジェクトに大した被害をもたらさないリスクは、重要なリスクではない。頻繁に起こる可能

性があり、かつプロジェクトに少なからずインパクトを残すリスクは、重要なリスクで事前に対策をとらなければいけない。滅多に起こらず、かつ被害もほとんどないリスクは無視してもよい。そのようなリスクに事前に対策を立てるのは時間と金の無駄である。頻繁に起こる可能性があり、かつ起こると被害が甚大なものは一番大きなリスクであることは明らかで、これは、事前にプロジェクトから取り除いておかなくてはいけない。原発を活断層の上に建てるなどはまさに最大のリスクだろう。

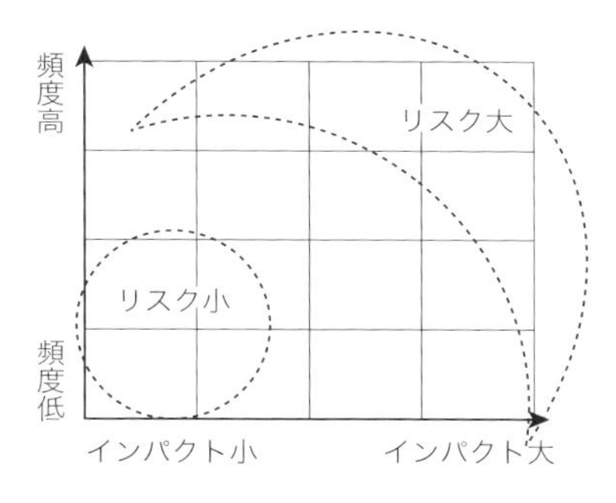

図４　リスクの頻度とインパクトの関係

近年日本で頻繁に起こっている地震・津波などの自然災害と初期対応のまずさやセーフティネットの甘さなどによって引き起こされる人災が複合した状況は、これまでは滅多に起こらないと想定して社会インフラやシステムが組み立てられていたが、環境構造の変化もあって、もはや、頻度が想像以上のスピードで上がっているように見える。また、起こった時の社会全体に与える直接・間接の被害は計りしれないくらい大きいと言わざるをえない。

3−起こってから対応するか、起こる前に対策を練るか

リスクへの対応の基本的な考え方として、以下の６つが挙げられる。

〈リスク対応の考え方〉

①放置：起こっても放っておく　　事後対応

②受容：起こってから対応する。起こるまでは放っておく　　↑

③軽減：事前に起こる頻度を減らすか起こった時のインパクトが軽減されるように対策を施す　　↓　事前対策

④削除：事前に人員やコストをかけて起こる原因をすべて取り除きリ

　　　　スクを削除する

⑤転換：事前に起こった時のインパクトを他の組織などに転嫁したりシェアしたりする

⑥中止：プロジェクトを中止する

次に、リスクの頻度とインパクトと、6つの基本的な考え方の関係を整理しておこう（図5）。一般的に、起こる頻度が高いほど、あるいは、起こった時のインパクトが大きいほど削除、転換、中止などの対応をとることが多くなる。

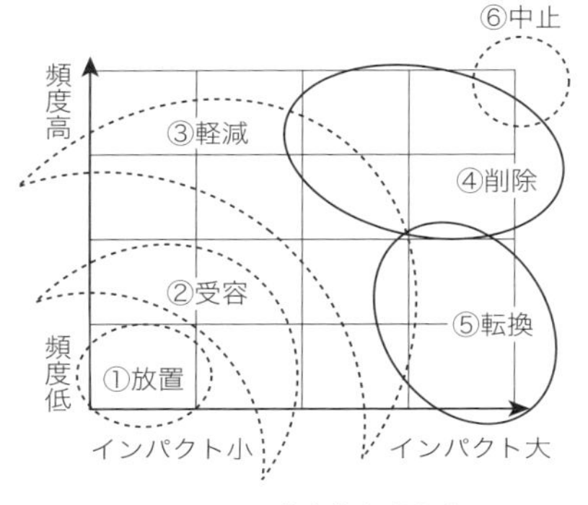

図5　リスクの6つの基本的な考え方

1.11 品質はコストとのバランスで選択する

1-品質マネジメントを感覚的に捉える

品質は、性能、仕様、品質を統合した概念である。品質は良い方がいいに決まっている。しかし、品質を良くすれば、基本的にはコストがかかる。したがって、プロジェクトの価値を十分理解せずに、組織やステークホルダーの意見を丸呑みしてプロジェクトマネジメントを行うと、必ずコスト面でどこかで破綻する。品質には以下の3つの領域がある。

〈品質の領域〉

①プロジェクトにとって必要不可欠の品質
　→選択の余地なく実現させる
②どちらかというとあった方がよい品質・望ましい品質
　→様々な要件に照らし合わせて取捨選択を行う
③プロジェクトの価値にほとんど関係しない品質
　→省く

たとえば、パソコンを買う時、まったく同じ性能で10万円のパソコンと12万円のパソコンがあれば誰も迷わないが、10GBの容量の10万円のパソコンか20GBの容量の12万円のパソコンのどちらを選択するかは、その人の職業やスキルの高低に関わる。つまり、価値に結びつく方を選択するのである。どうしても10万円の予算で20GBのパソコンを希望する場合は、中古品を探したりメーカーと交渉したりすることになる。つまり、調達を工夫することになる。

2−品質とコストはトレードオフ

品質とコストの関係の大原則は、同じ品質であればコストの安い方を選択するということと、同じコストであれば良い品質の方を選択することである。

品質により得られる便益とコストの関係の大原則は、同じコストであればより高い便益が得られる品質を選択することと、同じ便益が得られる品質であればより安いコストの方を選択するということである。

品質が高くコストが高いものと品質が低くコストが安いものの選択は、プロジェクトの目的・価値、顧客の利益、商品性、社会の影響などと照らし合わせて選択を行う。品質により得られる便益とその品質を実現するためのコストは多くの場合トレードオフの関係にある。品質による便益とは、単に顧客やステークホルダーを満足させるだけではなく、商品性に関わり、最終的には営業収支に影響を及ぼすこともある。逆も然りで、コストをかけて品質を上げても、顧客やステークホルダーの満足度が大して上がらず、営業収支に影響を与えないこともある。その場合は、その品質の実現を諦めるという選択が正しいということになる。

品質の便益という点では、営業収支のうち、性能が上がることによりテナント料が上がる、マンションの販売価格が上がる、といった営業収入の増加を生むことは比較的わかりやすい。性能が劣ると実は営業支出を増やす方に働くことが多い。是正や改善の必要性、その頻度の多さ、クレーム対応、人手が余計にかかる、などボディーブローのように効いてくる。

episode 3　品質とコストの複雑なトレードオフ関係

25年前の話であるが、横浜のインターコンチネンタルホテルの設計をしていた時に、客室のバスルームをどうするかという協議があった。コストマネジメントの視点からは、客室のコストは少しでもオーバーすると×客室数（このプロジェクトでは600室なので600倍になる）で効いてくるので、最もシビアなコスト管理が求められる。厳しい予算の中で、以下の2つの品質の選択を迫られることになった。選択肢1は、バスルームの床と壁をタイルではなく、当時の多くの高級ホテルの仕上げに倣い大理石を全室に張り高級感を出す。その代わり、バスルームに独立型のシャワーブースを設置するのは諦める。選択肢2は、バスルームを石張りにするのは、エグゼクティブ客室のみ（全体の5分の1程度）にとどめ、残りの客室はタイル張りのままにする。その代わり、エグゼクティブ客室に独立型のシャワーブースを付ける。当時、強豪相手のホテルのバスルームは石張りが多くなってきていたが、将来のマーケットを睨んで、後者の方を選択することになった。

1.12 デザインマネジメントという10番目の領域

1–デザインの計り知れない力

プロジェクトマネジメントには9つの領域があると述べてきた。実は、プロジェクトを企画・実行していく上で、最も難解で手ごわく、最も客観的に分析するのが難しく、最も多くの議論になり、誰にも正解がわからない、しかし最も重要なものが抜けている。それは、成果や評価に強い影響を及ぼし、時には、すべての結果を一瞬で葬りさることだってある。それはデザインである（図6）。

とりわけ建築・都市開発プロジェクトにおいては体系化されたプロジェクトマネジメントの知識をアレンジして運用していくことは、時に困難な局面がある。それは以下のような理由からである。

プロジェクトマネジメントの基本構成

プロジェクトマネジメント　9+1の領域

①統合マネジメント

②スコープマネジメント
③スケジュールマネジメント
④コストマネジメント
⑤品質マネジメント
⑥人的資源マネジメント
⑦コミュニケーションマネジメント
⑧リスクマネジメント
⑨調達マネジメント
+⑩デザインマネジメント

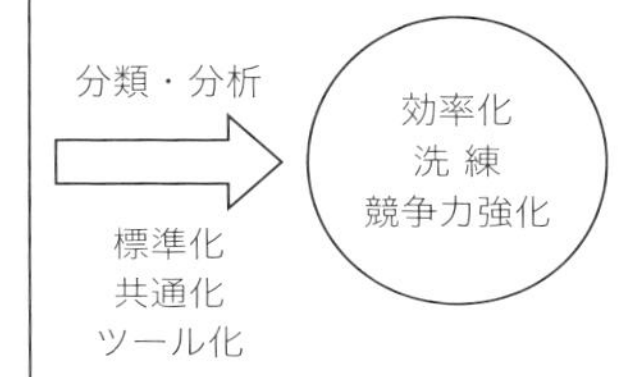

図6　プロジェクトマネジメントの基本的な考え方と9＋1の領域

〈建築・都市開発のプロジェクトマネジメントが簡単ではない理由〉

①プロジェクトごとの固有性が強い。プロジェクトの目的・哲学から立地、建築や施設の構成などすべて異なる。

②ステークホルダーが多い上に、利害関係が複雑である。

③プロジェクトが長期にわたることが多い。その間に、資金の問題、ステークホルダーの交代、組織のボードメンバーの交代による支援の変更、経済状況の変化、最近では工事費の高騰などプロジェクトの事業性に大きな影響を与える事象が次々と起こる可能性が大きい。

④解決すべき課題が横断型でいろいろな分野にまたがっており、1つの分野の専門家の知見だけでは解決案が見つからない。

⑤デザインという正解のない不確定要素が、プロジェクトの価値を決定的に決める。

2–デザインマネジメントの考え方

デザインマネジメントには、以下の3つの項目がある。

〈デザインマネジメント 3 項目〉

①ステークホルダーとのデザインまたはその方向性を共有する環境整備

②デザインと計画、技術、法規、マネジメントとの調整

③各デザイン間の調整

デザインは、どうしても、個人の DNA と経験から形成された主観（好き嫌い）がつきまとう。ステークホルダーとの共有や合意形成が難しく手間がかかる原因はそこにあるのだが、その主観を乗り越えて共感する環境をつくっていくことがデザインマネジメントである。組織経営者やステークホルダーのほとんどの人はデザインや建築を体系だって学んだわけではなく、経験値によって感覚的に捉えている場合が多いのは確かだ。しかし、彼らはある意味、建築家やデザイナーよりデザインを多面的に捉える力を養い、また、広い領域に対してアンテナを磨いていることが多い。

環境整備の方法として、まずは、実績のあるデザイナーを登用することで、ステークホルダーの安心感を得て、合意形成のハードルを下げる。また、複数のデザイナーから最もプロジェクトに相応しい人を選択していく過程（視察やインタビューなど）をステークホルダーと共有するという構図を整えていくことである。

また、デザインをわかりやすい言葉や形に置き換えて、より客観的、具体的に説明をする努力も必要である。わかりやすく抽象化した言葉や類似の形を持つものに見立てて表すことは、効果的な場合が多い。人はその経験で得たいくつかの形や色の視覚的な要素と、音や匂いといった感覚的な要素を類型化し、記憶の引き出しに溜め込んでいて、そのどの形と色に近いかを照らし合わせてモノを見ているのだ。したがって、デザインにおける形状や色や傾向を説明する時には、相手がイメージしやすい言葉に置き換えて説明するのは、特に企画段階には有効である。

デザインと計画、技術、法規、マネジメントとの調整、および各デザイン間の調整は、実行段階のデザインマネジメントにおいて最大のポイントである。

カフェの例を挙げると、都会的な志向の競合店との差別化を考えて、味のある木の板をすべての壁に貼って田舎風のデザインにしようと考えたとする。しかし消防法上、内装を不燃にしなくてはならない。そこで、不燃の認定を取った薄い木のシートを貼るか、木の使用を部分的に限定するか、それともクロスなどまったく違った内装材に変更するかを検討しなくてはいけない。さらに、カウンターを1枚の木から切り出してつくる場合は汎用品よりコストは高くなる。また、個性的でカラフルな看板をデザインしようとしても、街並みの条例で看板の大きさ、色、デザイン上の制限があるかもしれない。防災、景観、技術、そしてコストなどはデザイン同様に重要な要素であり、その中で知恵を絞り、折り合いをつけて、より良いデザインを実現していくことがデザインマネジメントである。

2章

これからの建築・都市開発における価値の創造

2.1 クリエイティブ プロジェクトマネジメント

建築・都市開発はビジネスである以上、関わるすべての組織や人が収益を得るということが目的となる。しかし、お金を儲けることが目的であれば、はるかに楽で、効率が良く、短期間で収益が上がる仕事は他にたくさんある。建築・都市開発は、多くの利害が異なる組織や人と気の遠くなるような調整を行い、長い期間と多くのお金と人材を使って、1つの成果をつくりだす。一度完成した成果は、社会に大きなインパクトを残す。うまくいかなくても簡単にリセットできない。

建築・都市開発の存在価値は、単に事業主体が利益を上げることだけではなく、都市や地域における社会的・経済的・文化的な価値を創造することに他ならない。開発を通して新たに生みだされたり再構成される景観・デザイン・空間・サービス・機能が、雇用や収益を生み、新しいビジネスを誘導し、社交や文化情報の創造発信の場と機会を提供する。

投資家・開発者・運営者・設計者・施工者・経営者といった直接の関係者、さらにはその場所を利用する人々と、その開発の実現すべき固有の価値を考え、共有し、最大限の成果を獲得することが魅力的な建築・都市開発を実現する唯一の道である。そのためにプロジェクトマネジメントが必要となる。プロジェクトマネジメントはともすれば効率良くプロジェクトを遂行し、関係者が利益を確保することを目的に導入されることが多い。しかしそれは、手段であって目的ではないはずだ。社会的・経済的・文化的価値の創造とその実現を究極の目的とした“クリエイティブ”な“プロジェクトマネジメント”が建築・都市開発で求められている。都市の魅力を上げ、人々の生活を豊かにし、賑わいを新たに創出し、新しい人と人の関係をつくる、そして、プロジェクトに関わる皆が少しずつ潤う。そんな仕事をやりたくありませんか。

2.2　社会的価値：社会的課題に応える開発

1−都市の様々な社会的課題

まずはじめに、建築・都市開発の価値、すなわち社会的価値、経済的価値、文化的価値について具体的に考察していこう。

建築・都市開発の社会的価値をより具体的に描く時に、近年、都市を取り巻く社会環境が大きく変化していることを前提としなければいけない。

日本国内だけでも、度重なる地震や台風や火山活動などの自然災害と津波や原子力発電所の事故などの副次的な災害が、多くの人々の命を奪い、地域コミュニティの崩壊まで招いた。また、高度成長期のインフラの脆弱化と耐震性が基準に満たない建築群が多く残っていることは深刻な課題になっている。さらには人口の減少と都市への集中、地方経済の衰退、少子高齢化社会の到来、税収入の減少と支出とのアンバランス、行き過ぎた格差、地球環境とエネルギー問題といった社会的課題は山積している。こういった劇的な変化に、インフラの再構築、社会システム・制度の再構成、社会に相応しい税制が追いついていないのが現在の状況である。

世界に目を向けても、国際関係はさらに混沌としており、20世紀のシンプルな対立軸論ではもはや読み解けない。国家間の葛藤も、政治だけではなく、経済や文化そして感情面までに及ぶ。通貨や金融商品も不安定である。地球規模の環境問題や開発途上国の深刻な貧困や病気の問題も収まる兆しすらない。プロジェクトのスケールが大きくなればなるほど国際色が強くなり、こうした国際関係に起因する多くのリスクにさらされることになる。

SNSなどの発展で、情報発信と伝達、コミュニケーションの方法は劇的に変化してきている。そして、血縁や近隣を基礎として形成されてきた旧来のコミュニティではなく、ライフスタイルや価値観により組織や地域を超えた個人同士がつながる新たなコミュニティが形成されている。

それらの新しいコミュニティと旧来からの地域の繋がりをうまく組み合わせて再構成していくことが今後は求められてくるだろう。

日本ではイーコマーズが年間1兆円以上の売上げを伸ばしていて、机上の計算だと、年間売上げ100億円のショッピングセンターが、1年に100軒姿を消してもおかしくはない。インターネット上では玉石混交の情報が錯綜し、様々な評価にさらされる。ビジネスの社会では選択と集中が進み、変化に対応できない組織は無慈悲に淘汰されていく。

このような多くの社会的課題を一度に解決できる特効薬などない。国頼み、行政頼みには限界があり、税金投入は応急措置でしかなく、また投入可能な税金が潤沢にある時代ではない。社会で企画・実行されるすべてのプロジェクトが、収益性を確保しつつ、産官学協同で、新たな価値を創造することによって、1つ1つの課題解決に結びつけていく必要がある。建築・都市開発も同様で、むしろ、社会や地域に対するインパクトの大きさからいって、建築・都市開発こそ、社会的価値の創造と社会的課題の解決に率先して取り組まなければならないはずだ。

もちろん、開発が直接的に災害を防いだり、経済を活性化させたり、国家間の諸問題を解決できるわけではない。しかし、1つの複合開発が、街の不燃化や防災上の弱点を改善することはできるし、地域の緊急時の避難広場を設けることもできる。オフィスやホテルの魅力的なパブリック空間が新しいビジネスや交流の機会をつくることは可能であるし、そこで、新たな合従連衡の話がまとまるかもしれない。国際間の緊張を和らげることも夢ではない。スタジアムのVIPルームでアメリカの大統領とイランの大統領が仲良くフランスのワインを楽しみながらスポーツ観戦することだってあるだろう。そういったことの積み重ねが社会を少しずつ良い方向に変えていくのではないだろうか。

建築・都市開発が社会に対して果たすべき価値創造と課題解決は大きく2つに分類できる。ハード面を中心とした「社会資本の再創造」と、ソフト面に軸足をおいた人々の「生活の価値（Value of Life）の創造」の2つである。

2-社会資本の再創造

写真1　ニューヨークのハイライン

まず、「社会資本の再創造」について見ていこう。

フローからストック、環境共生の時代を迎え、成熟した都市では、新規インフラ整備への巨額な税金の投入に対して理解を得るのは難しい。スクラップ・アンド・ビルドの考え方はもう時代遅れであることは皆知っている。それ以上に、それぞれの地域で育まれてきた風土、文化、建築様式、商環境、あるいは精神性などの広い意味での社会資本を生かしながら、時代に合った用途変更や機能変更を行い、新しい要素や空間と相乗効果を持たせて、インフラや建築を再構成していくことが、都市における重要なテーマとなってきている。

世界中で、歴史や物語のある建築やインフラが、新しい要素との統合や最小限の変更やデザインの付加により息を吹き返し、都市の魅力に貢献している。たとえば、アメリカ・ニューヨークの「ハイライン」は、廃用になった高架貨物鉄道をそのまま利用して、新たな土地取得を行うことなく、大規模な都市公園を創造した。整備された公園のスケールの大きさ、元々あった土木構造物と新しく持ち込まれた可変システムに優れたデザインとの融合、持続可能なプログラムの導入は見事というほかない。結果として、都市の空間は豊かになり、景観は美しくなり、治安は大きく改善され、現在は、周辺の不動産投資と開発が華やかである。

近年、その都市特有の住宅様式や、かつては物流の中心であった倉庫施設、教育・文化・信仰といったコミュニティの中心にあった学校や宗教施設を、あえて再開発せずに、新しい息吹を吹き込んで、商業施設、ホテル、住宅、オフィス、文化施設などに再生した開発が世界中で増えている。以下、数例を紹介する。

〈都市特有の住宅様式を商業施設、ホテルに再創造した例〉

①京都の町家を再生して、町家に住むように泊まれる宿泊施設に

②中国・北京の胡同（フートン）の四合院（しごういん）住宅をコンバージョンし外国人観光客に人気のホテルに

③中国・上海の疎開時代のラオハンズー（租界時代の邸宅）やリーロン形式の住宅（長屋式住宅）を商業施設にした新天地（しんてんち）や田子坊（たごぼう）、クールドッグなど次々と登場

④シンガポールのショップハウスを商業施設に。チャイナタウンはゾーンすべてが修復され一大観光地に

⑤オランダ・アムステルダムの運河沿いのキャナルハウスをいくつも繋げてホテルに再生

⑥モロッコ・マラケシュの旧市街の中庭式住宅を複数繋げた「リャド」というホテルが続々と登場

〈倉庫や工場を商業施設、マーケット、ホテル、住宅、オフィスに再創造した例〉

①横浜の赤レンガ倉庫を商業施設に。広場では様々なイベントを開催

② JR の高架下を利用した「マーチ エキュート神田万世橋」や秋葉原の「2K540 AKI-OKA ARTISAN」などのコンセプト型商業施設

③イギリス・ロンドンのクラーケンウェルやイーストエンドの倉庫・工場を商業施設、ホテル、マーケットに

④オーストラリア・シドニーのウォルシュベイやウルムールベイの倉庫をハイエンドな住宅、ホテル、アミューズメント、オフィスに

⑤台湾・台北のタバコ工場が現代アートの拠点に

写真 2　左から、京都の町家、北京・胡同の四合院住宅、上海の新天地、マラケシュのリャド

〈学校・宗教施設・駅を商業施設、ホテル、文化施設に再創造した例〉

①京都の廃校になった小学校を国際漫画ミュージアムに
②オランダ・アムステルダムの音楽学校に新しい空間とボリュームを加えて魅力的なホテルに
③ポルトガル・アマレス郊外の廃墟になった修道院を「サンタマリア・ドゥ・ボウロア」という世界で最も美しい国営のホテルに
④イギリス・ロンドンのセント・パンクラス駅とキングスクロス駅の再開発による駅施設、ホテル、商業施設の見事な再創造
⑤トルコ・インタンブール旧市街の刑務所をホテルとして再生

これらに共通するのは、都市の風土、歴史、文化、そして人の気質を表現していることだ。容積率を獲得したり、初期投資を抑えたり、許認可を最短ルートで獲得することとは必ずしも相容れないが、近視眼的な事業採算性のみで組立てられたスクラップ型の薄っぺらな再開発の屍が世界中にさらされているのに対し、これらはローカリティ満載の魅力を放ち続けている。

もう1つの社会資本の再創造は、まったく新しい開発でも、配置ゾーニング、空間構成、機能配置の知恵、建築の性能により、都市の課題の解決に大きな貢献を果たすことである。

オーストラリア・シドニーの「オペラハウス」はシドニーの都市景観の象徴として国内外の人々から長く愛され、世界中からシドニーの街のアイデンティティと認識されている。そのような社会的価値を創造した顕著な例だけではなく、都市に貢献している例は多く見られる。

写真3　左から、秋葉原の2K540 AKI-OKA ARTISAN、シドニーのウォルシュベイ、ウルムールベイ

〈社会的課題の解決と社会的価値の創造例〉

①交通の課題を解決

②街の耐震や不燃などの防災、避難広場や防災備蓄倉庫などの整備により避難や安全性の課題解決

③緑地・植栽や広場による都市の環境と潤いの創造

④公共空間やパブリックフットパス（歩くことを楽しむ道）の整備による街の賑わい、豊かさ、回遊性、多様性の創出

⑤都市景観への貢献

交通課題の解決という点では、新しい渋谷駅周辺開発が目指す新たな交通拠点と交通広場の創造、東京ミッドタウンで実現した敷地内にバイパスルート（区画道路）を通すことによる既存市街地の交通渋滞の緩和、また、鉄道と鉄道、鉄道とバスなどの交通機関のスムーズな接続などが挙げられる。

街の耐震や不燃などの防災、避難、安全という点では、東京・六本木の泉ガーデンの開発が参考になる。緊急車両も入れない狭隘で急斜面の通路に木造家屋が建ち並び、防災上大きな問題になっていた地区を再開発して、もともとあった緑あふれる街の雰囲気を残しながら、自然と賑わいの調和した魅力的なまちづくりを実現した。

写真４　左から、アムステルダムの学校をホテルに、ポルトガル・アマレスの修道院をホテルに、ロンドンのセント・パンクラス駅をホテルに

広場と緑地の創造という点では、東京ミッドタウンは建物群を集約して効率的に配置することにより、六本木通りから既存の区立檜町公園まで一体的に連続する都市公園を整備した。

パブリックフットパス（歩くことを楽しむ道）の整備は、六本木ヒルズのけやき坂や上海の田子坊に見られるように、安全で、賑わいがあって、美しく、また、ローカルの魅力が満載の、歩いていて楽しい道を開発の中に取り込み、街とつなげていくことであろう。

3–生活の価値の創造

次に、人々の「生活の価値（Value of Life）」の創造について考えてみよう。

「生活の質（Quality of Life）」という概念が一般に広く浸透してきた。収入や地位でなく、個人の嗜好や価値観に重きを置いた本質的あるいは精神的な豊かさで計る概念である。人々の生活において一番大切なことは金や地位ではなく、質的な豊かさであるということだ。「生活の価値（Value of Life）」も同様であるが、人々が安全に豊かに暮らし、働き、楽しみ、さらに人と人が精神的に繋がるところに価値を見出そういう意味合いで、本書では使用する。

「Value of Life」の Value には、「安全性」「利便性」「効率性」といった

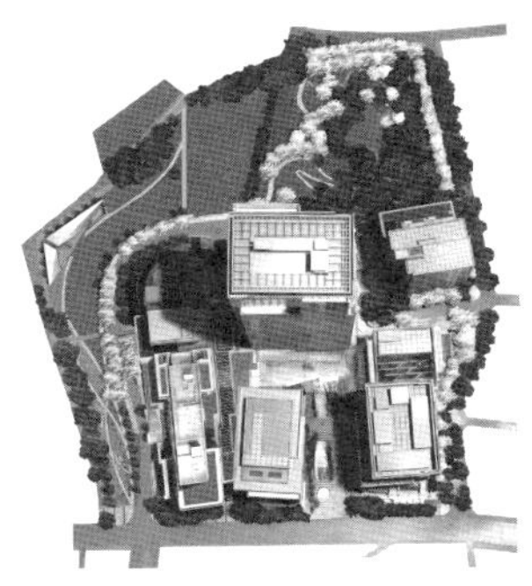

左：写真 5　東京ミッドタウンのオープンスペース（提供：日建設計、撮影：川澄・小林研二写真事務所）
中：写真 6　六本木の泉ガーデン（提供：日建設計、撮影：川澄・小林研二写真事務所）
右：写真 7　上海の田子坊

当たり前のように獲得するべき３つの概念のほかに、「快適性」「空間・デザインの豊かさや刺激」「楽しさ」「アクセシビリティ」「地域社会との連携とローカリティ」「環境親和性と先進性」の６つの概念が含まれている。

〈生活の価値を表す 9 つの概念〉

①安全性

法律を守るだけではなく、人々が安全であることを意識せずに働き、楽しみ、住むために、さりげなく安全性が確保された空間やディテールをデザインする。自己責任の部分に対する考え方も明確にする。

②利便性

ソフトとハードを組み合わせて利便性を考える。

③効率性

豊かさや楽しみや賑わいにつながらない不必要な無駄を省き、合理的でわかりやすい計画とする。

④快適性

自然光や季節が良い時には風を導き、街の景観、木や植物、賑わいを楽しめる。五感で楽しむ快適な空間体験を提供する。

⑤空間・デザインの豊かさや刺激

外観も内装も機能性も、個性的で、わざわざ足を運ぶ価値がある空間とデザイン。

⑥楽しさ

滞在するだけで楽しく、様々な交流が生まれ、都市の社交場となる。

⑦アクセシビリティ

年齢・性別・国籍・健康によるハードルが低いこと。バリアフリーや交通機関との連携はもちろん、わかりやすい空間や動線のシステムの構築が求められる。完全を目指し重たく過剰な投資を必要とする組み立てではなく、様々なコンディションの人と建築との距離感を少しずつ小さくするシステムを柔軟に組み立てていくことである。

⑧地域社会との連携とローカリティ

地域の様々な人と気持ちよく共存していく知恵や、人々のホスピタリティを育てる機会をつくり、地域社会と連携することが1つの役割と考える。デザインや空間で地域の文化を象徴的に表現することも可能であるし、地元の若い才能に大きなチャンスを与える場を設けることもできる。

写真8　生活の価値の創造を実現するポートランド。写真は地産地消のファーマーズマーケット（提供：東浦亮典）

⑨環境親和性と先進性

新しい技術の導入とエネルギー等の再利用による環境負荷の少ない都市に貢献する先進性を備える。

2.3　経済的価値：事業性・収益性中心からの脱却

次に、建築・都市開発の経済的価値について考えてみよう。

誤解を恐れずに言うならば、建築・都市開発のプロジェクトマネジメントは、プロジェクトそのものの利益確保を目的とし、リスクを負わず最短ルートで実施することを重視し、様々な課題をコントロールするという旧来の価値観の上に立って理論も実践も構築されてきた。フロー社会、都市化、グローバルスタンダード、金融、消費、成長、そして20世紀型の社会システムと国際関係論を前提に組み立てられた、いわばモノ中心の社会構造の中で、その事業性・収益性という経済的な価値に重心が置かれていた。

建築・都市開発では、収益性が高いスペースをできるだけ多く確保することが優先される。オフィスや住宅のプランは効率が優先され、商業施設や賃貸住宅では、テナント家賃収入が高く取れるところにできるだけスペースを集約することが優先的に検討される。

効率について一番わかりやすい交通を例にとって考えてみよう。

東京の地下鉄網は世界有数である。目的地に、早く、正確に、安全に到着するためにインフラ整備とシステム構築がなされている。JRや私鉄と合わせて使えば、東京のどの場所にでも簡単にアクセスできる利便性を獲得している。しかし、地下鉄に乗ることを楽しみにしている人はほとんどいない。

一方、ポルトガルのリスボンは起伏が激しく、地下鉄と路面電車が併用されている。路面電車はレトロなデザインで、特に有名観光地を結ぶ28番線は人気路線で、観光客だけでなく、通勤時間には多くのビジネスパーソンも利用している。ゆったりとしたスピードで走る路面電車から見える風景は大変魅力的で、商店街の中を抜けるとパンを焼く匂いや花の香りを感じられる、まさに五感で楽しむ快適性がある。

これまで述べてきたように、社会の構造の変化に伴い、社会的課題は質量ともに大きく変貌し、人々の求めるものも変化してきている。もちろん、事業性・収益性の劣るプロジェクトは良いプロジェクトとは言えず、大いに収益を上げ、その収益で次のプロジェクトに投資をすることが重要なのは言うまでもない。その前提で、新しい経済的な価値を考えなくてはいけないのだ。

新しい経済的な価値とは、プロジェクトによる直接的な収益に、プロジェクトが間接的に生みだす収益を加えるということである。

〈間接的な経済的価値〉

①様々な活動と社交の拠点となる建築・空間の創造
②新しいビジネス機会の創出
③新しい雇用機会の創出
④街の活性化の起爆剤としての役割
⑤新たな観光資源としての役割

効率と快適性をWIN-WINの関係で結び、新しい価値を生みだした事例として、大阪の「なんばパークス」を紹介する。2003年開業のなんばパークスは、地上部分は段々の丘状に建てられていて、3階から9階まで

「パークスガーデン」という屋上庭園の緑が広がる。創業から10年を経て、庭園には多くの植物が植えられ鳥や昆虫も生息する、自然を身近に楽しめる豊かな都市空間となっている。当初のターゲットは比較的若者層を想定していたようだが、屋上庭園との相乗効果で、家族連れやシニア層の集客も順調に推移し、商業施設の魅力を向上させた、稼ぐ緑化と言われている。

写真9　なんばパークスのパークスガーデン（提供：南海電気鉄道）

2.4　文化的価値：情報発信と交流のハブへ

1─文化情報の発信・交流の価値とは

最後に、建築・都市開発の文化的価値とは具体的にどういうものであろうか。

建築・都市開発は重要な都市の文化情報発信の拠点となりうる。渋谷ヒカリエや六本木アークヒルズのように文化施設を持つ開発や、東京ミッドタウンや六本木ヒルズ、丸の内パークビルディングのように美術館を複合開発の中に組み込んでいる例もある。文化施設は、収益性が低く、運営収支を黒字にすることさえ至難の業であるが、複合開発の中での役割分担としては、開発のブランド力を上げ、集客力を高める働きをするばかりではなく、文化施設整備は公共貢献につながることも多いため、容積割り増しが得られる例が多い。

また、こういったフォーマルな文化施設でなくても、ちょっとしたイベントができる屋内外のスペースやスタジオ、あるいは広場やアトリウムや屋上庭園なども空間のつくり方次第では十分その役割を担うことが可能だ。

もう1つはホテルである。魅力的な都市には必ず魅力的なホテルがある。そして、魅力的な都市のホテルは、グレード・客層・値段・規模・機能のバリエーションが豊かである。ホテルには、ラグジュアリーホテル、シティホテル、バジェットホテル（日本ではビジネスホテル）といったグレード・客層・客単価による分類や、リゾートホテル、コンベンションホテル、カジノホテル、トランジットホテル、日本特有のラブホテルといった機能や施設構成による分類、デザインホテルやアメリカのACE HOTELなどが提唱する地元の人と旅行者との文化交流型のホテルという新しい分類も登場している。

日本のホテルは、地域マーケットに支えられて、一般宴会・ブライダル・レストラン・ショッピング・文化・健康・生活サービス施設などを充実させ、多様化、多機能化を重ね独自の発展を遂げてきた。つまり、ホテルは都市のビジネス・観光・社交の場、機会、サービスを提供し、文化交流の拠点として機能してきたのである。さらに、デザインや空間づくりにおいて、ホテルは都市の風土や文化を直接・間接的に表現し、都市の集客力を上げ価値を高めてきた。

2–渋谷ヒカリエとW TAIPEI

2012年に開業した「渋谷ヒカリエ」は、都市再生特区制度を利用した再開発プロジェクトで、筆者は企画段階に関わった。渋谷から生活文化を発信する交流空間づくり、多層をつなぐ歩行者ネットワークの形成、まちづくりと交通施設の基盤整備＋基盤改良の一体的推進という、当初から一貫した明快な理念があり、それは完成するまでほとんどぶれるこ

写真10　渋谷ヒカリエ。左から、外観、ミュージカル劇場「東京シアターオーブ」、クリエイティブスペース「8/」（右の写真 ©Shibuya Hikarie）

とがなかった。

文化情報創造発信拠点としては、2,000席のミュージカル専用劇場の整備と運営、様々なイベントや交流やワークショップを行うことができるクリエイティブスペースと大型のイベントスペースの整備と運営、また、オフィスにはIT系の情報発信力のある企業が入居し、商業施設も実験的な百貨店業態を展開しており、施設全体で文化情報を創造し発信していると言えるであろう。

2011年に開業した台湾・台北の「W TAIPEI」は、ホテル、百貨店、商業施設、バスターミナル、地下鉄の駅との接続という、大型複合開発プロジェクトで、筆者が企画・基本計画・基本設計を担当した。

W TAIPEIは、まず第一にアジアを代表する都市に成長しつつある台

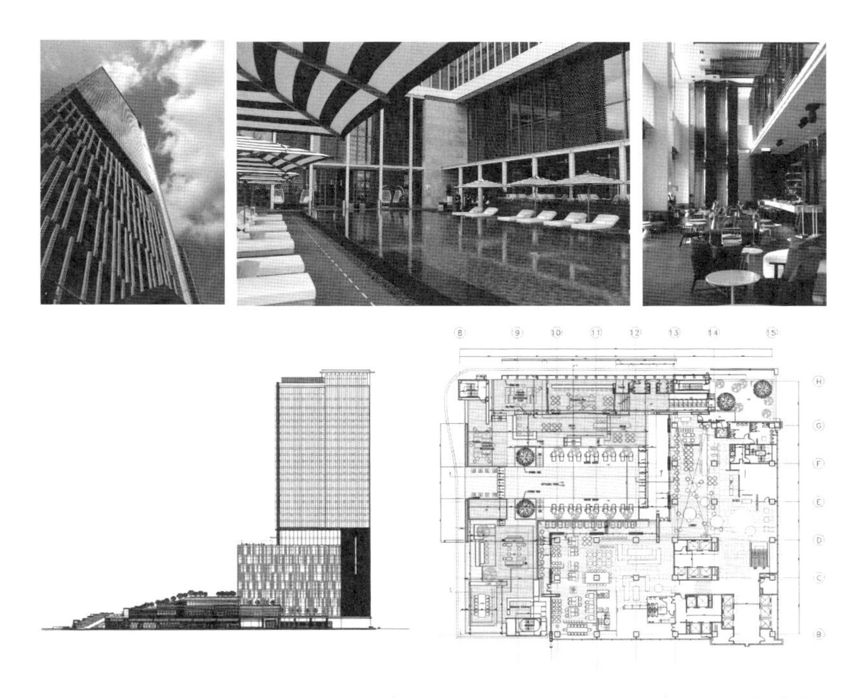

写真11　W TAIPEI。上段左から、外観、プールサイド、レストラン、下段左から、南側立面、10階のプラン

北のビジネス、観光、社交、食、遊興、情報発信の場・機会・サービスを提供し、集客力を上げ、新しいビジネスが創造される機会をつくり、都市間競争の中で台北のポジションを高める役割を担うことを目指して企画・設計を行った。

空間のハイライトは、10階パブリック空間から中庭のオープンスペースに繋がるところである。そこでは、屋外温水プール、プールサイド、ガーデンスペースからなる中庭型のオープンスペースを設け、ロビー、レセプション、3ミールレストラン、ラウンジ／バー、スパをオープンスペースを取り囲むように配置し、開放感とプライベート感が両立する個性的な空間とした。ここでは、毎週末、パーティやイベントが開催され、映画撮影に使われたり、ファッションショーが開催されたり、夜は熱狂的なクラブ空間へと変身するなど、台湾を代表するアイコニックな空間となっている。

3章

プロジェクトマネジメントのスタートライン

3.1 プロジェクトマネジメントの業務の流れ

1─企画段階における業務の流れ

プロジェクトマネジメントを始めるにあたって、まずは建築・都市開発プロジェクトにおける企画段階の業務の流れを紹介する（表1）。

「事業フレーム策定」段階は、当該プロジェクトを実施するか否かを組織として意思決定するために、プロジェクトの目的を明確にした上で、開発事業条件、立地条件、市場を整理・検討し、敷地条件、都市計画、関連法規を調査・分析し、開発手法を複数想定してそれぞれでの簡単なボリュームスタディを行う。それらの資料をもとに、数種類の事業可能性を検討する。事業性、収益性、建築条件をリスクをある程度織り込んだ内容で検証する。その結果、プロジェクトにGOサインが出るのである。

「プロジェクト立ち上げ」段階は、プロジェクト実施の意思決定がなされると、初めに、土地の売買か賃借の条件整備と交渉が始まり、合意にまで至る。そして、プロジェクト組織を立ち上げ、協同事業者などのパートナーと主要なステークホルダーとの関係を明らかにしていく。また、会議体を複数設定し、意思決定の図式を明確にしておく。そこから、後述する企画の3本柱である、基本理念、事業企画、建築企画を作成する。また、この段階で、ほとんどのプロジェクトでは、プロポーザルやコンペなどを通してコアになる建築設計事務所を選定する。建築企画はプロジェクトマネジャーのディレクションのもと、選定された建築設計事務所が担当する。

次は「基本計画」の段階である。事業計画は第1段階で、事業手法と開発手法、初期投資と運営収支の事業収支計画、マスタースケジュールと実行スケジュールなどプロジェクトマネジメントの根幹の部分を検討し方針を決定する。次に、品質とデザインの条件整理とプログラミングを行う。また、事業計画と同時並行で、オフィスや商業施設のキーテナント、ホテルの運営会社の条件設定、対象の検討と絞り込みに入る。建

表1　企画段階の業務の流れ

事業フレーム策定

開発事業条件の検討・整理	立地とマーケットの検討・整理	ボリュームスタディ
事業の目的・動機 事業主体 事業規模・用途 事業形態・所有形態 事業パートナー ステークホルダー 資金調達計画 スケジュールベンチマーク 都市計画・地区計画・開発条件 法律・制度	立地の特性・性格 都市・地域 交通・インフラ 市場・購買層・商圏 立地可能用途 ・オフィス ・住宅（賃貸・分譲） ・ホテル ・商業 ・文化 ・その他	建築最大ボリューム・用途配分 計画条件検証 ・都市計画・地区計画 ・建ぺい率・容積率・緑地率 ・壁面交代・高さ制限・日影 ・付置義務 ・用途別規制 開発手法・規制緩和検証 ・容積割増 ・その他

↓

事業判断のための事業性・収益性の検討
事業判断のための建築条件の検討

↓

開発事業意思決定

↓

土地の取得（購入・事業用定期借地）

↓

プロジェクト立ち上げ　　　　**企画ポートフォリオ作成**

プロジェクト組織	建築事務所選定	基本理念	事業企画	建築企画
プロジェクトマネジャー コアプロジェクトチーム 意思決定機関 サポート組織 ステークホルダー相関図 意思決定のプロセス 会議体の設定	ロングリスト作成 ショートリスト作成 RFP 作成 コンペ、ヒアリング、インタビュー 建築事務所選定 契約	プロジェクトの目的と哲学 プロジェクトの規模 プロジェクトの事業構造 投資構造・投資戦略 組織と実行体制とその戦略 運営体制の考え方とその戦略 想定されるステークホルダーとその特性 プロジェクトのブランディング ライフサイクル	市場分析・評価 マーケティング戦略 投資計画・事業収支 マスタースケジュール 事業形態・所有形態 用途・業種 品質目標・デザイン指針 商品計画 運営コンセプト	敷地分析・評価 マスタープラン 配置ゾーニングプラン 交通・動線コンセプト 機能構成 プランニングコンセプト 空間構成コンセプト 外観デザインコンセプト デザインコンセプト 基本データ

↓

基本計画

事業計画 1	建築基本計画	商業施設 MD 計画	ホテル運営会社選定
事業手法・開発手法の検討・決定 初期投資計画、運営収支計画、事業収支 マスタースケジュール・実行スケジュール 品質・性能・空間条件プログラミング デザイン条件プログラミング リスク整理・分析 建築基本計画監修 建築基本計画承認 （商　業）・キーテナント検討 ・ショートリスト （ホテル）・運営会社検討 ・ショートリスト ・選定 地盤調査・測量	広域配置計画 配置計画 平面計画・断面計画 交通・動線計画 機能構成 空間構成 外観デザイン・立面計画 構造計画 設備計画 避難計画・防災計画 データ	MD 計画 テナントミックスイメージ 初期プランニング 商環境コンセプト キーテナント、アンカーテナント設定・予備交渉	運営会社検討・ショートリスト MC 等の条件設定 ヒアリング、インタビュー 運営会社候補決定 条件整理・交渉・調整 運営会社決定・LI 締結

↓

基本計画の承認

築設計では建築基本計画が作成される。基本計画の後半になると、商業施設ではMD（マーチャンダイジング）やテナントミックス、初期プランニングを作成し、キーテナントやアンカーテナントとの交渉が始まる。ホテルでは、運営会社の選定をインタビューなどを通じて行い、運営理念の摺り合わせから条件交渉、LI（レター・オフ・インテント＝仮契約）まで進むことが望ましい。

2−実行段階における業務の流れ

次に、建築・都市開発プロジェクトにおける実行段階の業務の流れをまとめる（表2）。

「基本設計」段階は、プロジェクトマネジメントでは最も重要かつ業務量が多い段階である。事業手法、開発手法、資金調達、事業収支は詳細の検討を行い最終的な姿を決定する。ステークホルダーとの交渉と合意形成業務も本格化する。建築設計事務所のほかに、プロジェクトに参加させるべきデザイナーやコンサルタントの選定と契約を行い、ミーティングやプレゼンテーションが実施され、建築、技術、法規とデザイナーやコンサルタントとの間のデザイン調整が始まる。行政との事前交渉も始まり、折衝項目とそのスケジュールそして計画に大きな影響を与える重要な内容を明らかにし、基本事業計画と設計に反映する。オフィスや商業施設のキーテナントやアンカーテナントの選定と交渉も進める。彼らやホテル運営会社の要望を調整して、事業計画と建築計画とデザイン基本計画に反映する。基本設計図書がほぼ完成すると、工事概算の算出・検証を行い、事業予算に照らし合わせて工事費と設計の調整を行う。工事費以外の予算措置も行う。また、都市計画関連と集団規定関連の事前申請等の折衝を行い提出する。

「実施設計」段階は、事業計画と実施設計をフィードバックしながらの推進を、基本設計の段階からより精度高く実行していく段階である。新たに、テナントに対する貸方基準や賃貸条件を検討する。デザイン関連の基本設計が完了すると、事業計画、建築、技術、法規との調整を行い、建築実施設計にそれらの情報を統合して、建築実施設計図書を完成させる。

表2　実行段階の業務の流れ

基本設計

事業計画2	建築基本設計	デザイン基本計画	ホテル運営基本計画
事業手法・開発手法の詳細検討・決定 主要投資家との交渉・契約 コスト詳細計画・詳細事業計画・マネジメント 詳細スケジュール・スケジュールマネジメント コミュニケーション／チームマネジメント リスク分析・検証・マネジメント 品質・デザインマネジメント ステークホルダーマネジメント 建築基本設計監修・承認 （商　業）商環境デザイナー選定・契約 （ホテル）インテリアデザイナー選定・契約 ランドスケープ、照明、キッチン等必要コンサルタント選定・契約 キーテナント候補選定・交渉 ホテル運営会社要望調整 キーテナント要望調整 デザイン基本計画・監修・承認	建築基本設計 構造基本設計 設備基本設計 避難・災基本設計 基本設計概算 行政事前折衝サポート **基本設計概算調整** 建築基本設計概算検証 デザイン基本計画概算検証 FFE 調達概算作成・検証 VE/CD 案作成・検証 工事発注概算確定 **行政調整** 行政事前折衝 行政スケジュール	各デザイナー契約 商環境デザイン基本計画 ホテルインテリアデザイン基本計画 ランドスケープ基本計画 照明デザイン基本計画 厨房基本計画 その他基本計画 **デザインコーディネーション** 建築・構造・設備基本設計とデザイン基本計画の技術調整 法規、コスト、調達の調整 事業計画との調整 運営計画との調整	運営コンセプト 運営条件検討 建築基本設計への要望・助言 デザイン基本計画への要望・助言 ROOM MIX、標準客室計画 レストラン、ラウンジ、バー計画 宴会・会議計画 SPA、プール、ジム計画 クラブフロア・クラブラウンジ計画 その他付帯施設計画 開発事業者への技術協力

↓

基本設計の承認

↓

実施設計

事業計画3	建築実施設計	デザイン基本設計	ホテル運営計画
テナント契約・賃料・条件の検討・決定 キーテナントの選定・契約 テナント募集方法検討・決定 所有形態・事業形態・運営形態の決定 投資家との交渉・契約 コストマネジメント スケジュールマネジメント コミュニケーションマネジメント チームマネジメント・チームの補強 リスクマネジメント 品質・デザインマネジメント ステークホルダーマネジメント 建築実施設計監修・承認 デザイン基本設計・監修・承認 デザイン建築実施設計への統合監修・承認 モックアップの検討 各種行政協議	建築実施設計 構造実施設計 設備実施設計 避難・防災設計 概算見直し 申請図書作成 ・開発・防災・構造・確認 **建築実施設計への統合** 商環境デザイン実施設計 ホテルインテリアデザイン実施設計 ランドスケープ実施設計 照明デザイン実施設計 厨房実施設計 その他実施設計	商環境デザイン基本設計 ホテルインテリアデザイン基本設計 ランドスケープ基本設計 照明デザイン基本設計 厨房基本設計 その他基本設計 **デザインコーディネーション** 建築・構造・設備実施設計とデザイン基本設計の技術調整 法規、コスト、調達の調整 事業計画との調整 運営計画との調整 建築実施設計への反映	運営収入・運営支出 ・ROOM MIX ・客室ラックレート ・料飲客単価・席数・回転率 ・宴会客単価・回転率 ・その他施設運営収支 ・テナント検討 BOH 計画 建築実施設計への要望・助言 デザイン基本設計への要望・助言 開発事業者への技術協力 運営計画

↓

実施設計の承認

↓

工事発注準備

工事発注準備	実施設計概算調整	デザインコーディネーション	ホテル運営計画
工事発注方式の検討・決定 工事区分の検討・決定 工事発注条件の検討・決定 施工業者のショートリスト作成 VE/CD の精査・決定 発注図書の監修・承認 投資額の決定 工事発注額の決定 FFE 予算の確保 発注仕様書	建築実施設計概算検証 デザイン基本設計概算検証 FFE 調達概算検証 VE/CE 案作成・検証 工事発注予算確定 **発注図書作成** 発注仕様書・特記仕様書 発注仕様書工事区分表 発注設計図	VE/CD の協議・協力 FFE リスト作成	工事発注業務への協力 工事区分の協議 FFE 発注区分の協議 ホテル発注工事・FFE 予算作成 VE/CD の協議・協力 開業準備計画検討 人事計画検討 運営詳細計画

↓

施工業者選定

↓

工事費・工事条件ネゴシエーション

↓

工事契約締結・着工

申請関連は防災や構造の評定に続いて確認申請を提出する段階となる。
「工事発注準備」段階は、工事発注方式、工事区分を決定し、工事発注条件書、見積要項書、契約設計図書を整備する。同時に、概算工事費の精査を行い、予算を超えている場合は設計内容を変更するか、変更候補項目リストを作成し検証を行う。

3.2 プロジェクトチームを編成する

1−企画段階のチーム編成

プロジェクトを企画し実行する中心組織がプロジェクトマネジャー率いる「プロジェクトチーム」あるいは「プロジェクトマネジメントチーム」(以下 PM チーム) である。このチームがプロジェクトの成果を上げるための芯の部分であり、チームが有能で機能するかどうかがプロジェクトの成否に関わることは言うまでもない。

基本的な PM チームの体制は、開発事業者がコアになり、まずプロジェクトマネジメント実行の基本単位である PM コアチームをつくる。PM コアチームは、企画段階では、プロジェクトマネジャーの下に、以下の職能を有するメンバーを組織内から調達して編成する。

〈企画段階の PM コアチーム編成〉

①プロジェクトマネジャー

②サブ・プロジェクトマネジャー

- プロジェクトマネジャーを補佐し、代行する権限を持つ。原則として、類似プロジェクトの経験者が当たる。また、一般的には自分の業務と兼任する

③計画系コアメンバー

- 都市計画、地区計画、マスタープラン、交通、開発、行政折衝、まちづくりの専門的知識と経験を持つメンバー

④建築系コアメンバー

- 建築・技術・デザインの専門的知識と経験を持つメンバー

・設備・防災の専門的知識と経験を持つメンバー

⑤事業系コアメンバー

・マーケティング、経営学、商学の専門的知識と経験を持つメンバー
・調達、契約、発注業務の専門的知識と経験を持つメンバー
・事業収支、金融、資金調達、税金、コスト全般の専門的知識と経験を持つメンバー
・運営・管理の専門的知識と経験を持つメンバー

メンバーは、全員が十分な専門的知識と経験を持っていることが理想ではあるが、なかなかそううまくはいかない。人的資源はどんなに有名な企業でも限りがある。また、組織での肩書きはほとんど役に立たない。経験豊富なベテランと経験はゼロに近いがやる気のある若手を組み合わせてチーム編成を行うのが一般的である。ベテランは職能中心に、若手は人物中心に選定するのが良い組織を編成するコツであろう。メンバーの教育・育成もプロジェクトマネジャーの重要な業務であることを付け加えたい。

最近では、コアチームに加えて、職能上不十分なところを補強する必要がある時や、プロジェクトの特性に応じて、より専門性が高いプロジェクトマネジメント専門会社のメンバーを加えてPMチームを組織することがある。プロジェクトマネジメント専門会社は以下の3つのタイプがある。

〈プロジェクトマネジメント専門会社のタイプ〉

①プロジェクトマネジメントコンサルティング組織や個人
②プロジェクトマネジメント会社の専門家
③設計事務所のプロジェクトマネジメント部門や企画開発部門

2−実行段階のチーム補強

プロジェクトが企画段階から実行段階に進むと、支援する組織も真剣度が上がり、ステークホルダーは質量ともに増えてくる。建築設計者に

加え、インテリアや商環境のデザイナーも登場し、全体組織図は複雑になってくる。キーテナントや運営会社も見えてくる。解決すべき課題は、より統合的・横断的になり、固定化されたメンバーだけでは、高度な解決案を引き出すことが容易でなくなり、プロジェクトに関わる組織や人との合意形成の難易度が上がる。

そこで、プロジェクトの目的と特性に合わせた専門家を外部から招いて、プロジェクトの進捗に合わせてPMチームを補強していくのだ。プロジェクトの長期スパンの中で、様々な職能の人や組織が出入りすることになる。必要な専門家を、必要な時期にPMチームに参加させることがプロジェクトを効率よく実行するポイントとなる。専門家には以下のような職能がある。

〈PMチームに参加が考えられる専門家の職能〉

①マーケティング
②ブランディング
③フィジビリティスタディ
④都市計画
⑤建築企画
⑥コストマネジメント
⑦商業企画・MD（マーチャンダイジング）
⑧商業テナントリーシング
⑨ホテル企画
⑩ホテル運営・技術支援

建築・都市開発における「マーケティング」は、プロジェクトにとっての価値を明らかにするために、市場の調査を行い、競合施設のデータを収集分析する。その上で、テナントや顧客の分類とターゲティングを行い、彼らの要望を満たすよう施設構成概要を設定し、テナント価格や販売価格や客単価を設定し、開発の立ち位置を決定する。

「ブランディング」は、マーケティング戦略の一部として位置づけられることが多い。競合施設との強い差別化と価格競争力を獲得すること、顧客の信頼や共感を獲得することなどを目的として、そのプロジェクトそのものや、プロジェクトを中心となって進める企業を対象に行う。

「フィジビリティスタディ」は、計画された開発プロジェクトが実現可能か、実施することに意義や妥当性があるかを、事業性だけでなく、組織の実行能力、法的規制、知的所有権、経済状況やカントリーリスクといった外的要因などを多角的に調査・検討する職能である。

「コストマネジメント」に関しては、プロジェクト全体にわたるコストマネジメントのサポートと、QS（積算のベースとなる数量の算定）作成などの工事発注時における業務とがある。

「商業企画・MD」「商業テナントリーシング」は、立地特性、市場、ライフスタイル、購買層、商圏の調査から始まり、MD（マーチャンダイジング＝どのような業種・業態を、どのようなターゲットを想定して、どのぐらいの規模で、どの場所に、配置･計画していくか）、初期プランニングとテナントミックス企画、商環境デザイン、内装管理、テナント貸方基準の作成、テナントリーシングと各段階で幅広い業務がある。中規模以上の商業施設では必ずチーム編成に参加する。

「ホテル企画」は、主にホテルの建築企画作成とプロジェクトマネジメントのサポートを行う「ホテル運営・技術支援」は、ホテル運営会社が決定するまで、運営の理念、運営の事業企画、建築設計に反映すべき運営面での条件書を作成し、ホテル運営会社選定のサポートを行う。

3–国際的なチーム編成

企業や組織の中ですべての業務が完結しない時代を迎えている。個人のネットワークの時代という人もいる。国と国の境界は、政治的な面ではシリアスになる一方だが、経済活動や文化交流では、ほとんど境界はなくなっている。

筆者は、中国、台湾で国際プロジェクトを数多く経験してきたが、日本の売りは、技術だけでなく、デザイン力やマネジメント力もアジアをはじめとした世界で充分戦えることを実感している。さらには、今後、開発途上国であってもフローからストックの時代へ移行するはずで、完成後のプロパティマネジメント（テナント管理、イベント、販売促進などの運営管理）が重要な売りになるに違いない。

建築・都市開発は、国内プロジェクトであっても、投資家やホテル運営会社あるいは商業テナントが外資であることも多く、否応なしに国際プロジェクト的性格を持つ。さらに、インターネットなどの情報システムと交通システムの発達で、日本国内だけでなく、世界中の専門家と協同することがますます簡単になっている。

筆者が25年以上前に設計を手掛けた1991年開業の「インターコンチネンタルホテル横浜」は、その国際チーム編成の手探り状態の黎明期であり、それまでの、仕事のやり方や考え方を変えていく一歩となったプロジェクトであった。開発主体は横浜市の第三セクターであるパシフィコ横浜、ホテル経営はセゾングループとニューグランドホテルの合弁会社、運営はインターコンチネンタルホテルで、アメリカ・カナダ・フランス・日本のインテリアデザイナー、香港の照明デザイナーが参加するという構造であった。施工会社も初めてアメリカの会社が参画していた。当時はもちろんプロジェクトマネジメントという職能はおろか概念すらなかったが、利害関係が錯綜するなか、ホテル経営者と建築設計サイドが協力して試行錯誤を重ねプロジェクトマネジメント的役割を果たしていた。

時代はめぐり、現在の大型複合開発は、プロジェクトマネジメントの考え方がある程度確立され、投資家は外国の会社や外国人は当たり前、建築設計もマスタープランや外装デザインは海外勢が幅をきかし、インテリアは世界中のデザイナーが腕をふるい、外資のテナントで占められた超高層オフィスも登場し、世界中のブランドショップやホテルが競うように出店する。そして、海外の観光客が普通に買い物や観光に訪れる。

そのなかで、プロジェクトマネジャーに求められる国際性・国際感覚は以下の通りである

〈プロジェクトマネジャーに求められる国際性〉

①マーケットは世界という認識
②世界中の専門家と協同するというスタンス
③国際的な視野、感性、知識、情報そして人脈の形成
④バックグラウンドの異なる専門家とのコミュニケーション能力
⑤全体を見据えつつ業務をリードするバランス感覚
⑥何よりチャレンジ精神

4-W TAIPEI の国際組織体制

前述した「W TAIPEI」の組織体制について簡単に紹介しよう。

W TAIPEI は台湾の最大手企業グループの一つ、統一企業グループが開発主体となり、ホテル、百貨店、商業施設、バスターミナル、地下鉄の接続から構成される大型複合開発プロジェクトであった。もともと、すべて台湾国内のチーム編成で進められていたが、プロジェクトが既存の物件のトレースに近く、新しい魅力があまり感じられず、ホテル運営会社がどこも契約に二の足を踏むという状況にあった。さらには、肝心のホテル運営会社が決まらないため、百貨店のテナント交渉もままならない状況であった。そのようななかで、工事が始まっていた。

筆者の役割は、企画・基本計画・基本設計で、具体的にはプランニングと空間構成のやり直し、外観デザイン、プロジェクトマネジメントチームに参画してアドバイスを行うこと、ホテルに関してオーナーの側に立った中立的なコンサルタントと多岐にわたった。様々な紆余曲折を経て、投資は台北政府と民間共同、開発主体が台湾、PM チームのプロジェクトマネジャーはアメリカで教育を受けた台湾人、ホテル運営はアメリカのスターウッドグループ、ホテル開発担当者は香港人、インテリアはイギリスの GA インターナショナルのオーストラリア人、百貨店は日本の阪急、建築設計と施工は日本と台湾という多国籍プロジェクトとなり、プロジェクトの価値は当初よりはるかに高くなり完成した (図 1)。その後の W TAIPEI の成功は、刺激に満ちた運営によるところが大きいが、こういったプロジェクトに相応しいメンバーで組織を編成し、プロジェ

- 開発主体……………………………台湾（統一企業）
- PM ………………………………アメリカで教育を受けた台湾人
- 投資家……………………………台湾（企業グループと台湾市）
- ホテル運営………………………アメリカ
  （スターウッド・W HOTEL）
- ホテル開発担当…………………香港人
- ホテル料飲運営企画担当………オーストラリア人
- 建築企画・オーナーコンサル ……日本（ydd）
- インテリアデザイン……………ロンドン（GA International）
- 建築設計会社……………………台湾（三大）
- 照明コンサル……………………台湾（Croma33）
- 施工………………………………日本（大林組）＋台湾 JV

図 1　W TAIPEI のプロジェクトの体制と関係者

クトマネジャーと PM チームがそれらをまとめて完成にこぎつけたことも貢献している。

4 章

魅力的で骨太なプロジェクトを企画する

4.1　プロジェクトは 3 本柱から始まる

プロジェクトの企画段階ではどれが欠けても成立しえない３つの柱がある（図1）。その３つが揃ってはじめて企画ポートフォリオが完成する。企画ポートフォリオはプロジェクトマネジメントの世界ではプロジェクト計画書に当たる。

〈企画ポートフォリオの 3 本柱〉

①基本理念
②事業企画
③建築企画

プロジェクトの基本理念・事業企画・建築企画は、開発事業者がそれぞれ必要なプロフェッショナルを加えて組み立てていくわけだが、当然ながら相互に強い関連がある。企画とは、基本理念・事業企画・建築企画の内容をお互いフィードバックしながら、それぞれのレベルを高め、実現性・確実性を上げていくことである。プロジェクトの中心になるメンバーがすべてを理解し納得し、プロジェクトを支援する組織とプロジェクトに関わるステークホルダーと共有しなければいけない。そこからプロジェクトが動き出すのだ。

「基本理念」とは、プロジェクトの目的や哲学であり、プロジェクトのブランディングであり、事業・運営・建築計画の憲法のようなものである。プロジェクトのライフサイクルを考えてつくられる。

「事業企画」は、基本理念を受けて、市場と競合施設の調査分析と評価から始まり、ターゲット設定とその潜在的需要調査と設定、課題の把握と解決の方向性から、事業収支計画、投資計画、資金調達計画、運営計画、商品計画へと進む。そして、それを実行する指標であるマスタースケジュールと、それを確実に実現するためのプロジェクト推進体制つまりプロジェクトマネジメント組織の立上げを同時進行で行う。

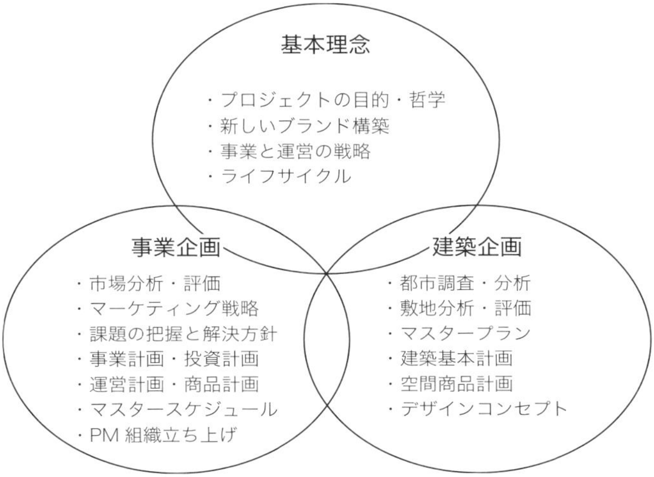

図 1　プロジェクトは 3 本柱から始まる

「建築企画」は、立地する都市の風土・歴史・文化・賑わい、都市空間や景観、交通、法律、敷地、環境条件などの調査・分析に始まり、街との関係、配置、ボリューム、機能構成、空間構成、景観、デザインの方向性の基本的な考え方を統合的に表現するマスタープランを作成する。そして合意の後、基本理念と事業企画に照らし合わせて、建築基本計画・空間商品計画・建築デザインコンセプトへと進んでいく。

4.2　基本理念：プロジェクトの太い幹を立てる

1─プロジェクトの目的と哲学

基本理念とは、プロジェクトの目的と哲学である。プロジェクトそのものの理念にとどまらず、企業や組織のあり方や将来像、さらには、社会や環境や雇用への影響や文化情報発信についても当然考慮される。基本理念がないと事業企画・建築企画はつくれない。下記が、基本理念を構成する項目である。

〈基本理念の構成項目〉

①プロジェクトの目的と哲学
②プロジェクトの規模
③プロジェクトの事業構造
④投資構造・投資戦略
⑤実行組織と体制とその戦略
⑥運営体制とその戦略
⑦想定されるステークホルダーとその特性

ここが弱いと、その後プロジェクトが迷走することが多い。プロジェクトを遂行するなかで重要な判断を迫られる局面、それは、多くの場合メリットとデメリットの評価が拮抗して判断材料が客観的には数値化できない場合が多いが、その拠り所として、基本理念に照らし合わせて判断することが大原則になる。

2–ザ・キャピトルホテル東急の基本理念

基本理念の構成項目を、筆者が関わった東京・永田町の「ザ・キャピトルホテル東急」を例にして説明する。

ザ・キャピトルホテル東急の敷地は、小高い丘になっており、その歴史は 1883 年開業の料亭「星岡茶寮」に遡る。その後、北大路魯山人（きたおおじろさんじん）の美食倶楽部の会員制料亭、中国料理店「星ヶ岡茶寮」を経て、東急グル

写真1　ザ・キャピトルホテル東急。左から、外観、エントランスロビー、客室

ープが開発を行い1958年に日本初の外資系ホテル「東京ヒルトン」として開業した。ビートルズが泊まったホテルとして有名だ。

ザ・キャピトルホテル東急は2010年に、地下鉄と直結したオフィスとの複合開発施設として復活する。この再開発において、この地の背負ってきた歴史性を尊重することと、東京にここ10年間くらいで続々と誕生した強力な外資の高級ホテルに対抗するということから、「日本のホテル」という、プロジェクトの目的と哲学の軸が設定された。外観デザイン、建築空間構成、ランドスケープ、インテリア、客室の商品計画、そしてサービスに至るまで、「日本の良さ、日本文化の本質を分析して現代的にまた国際水準で解釈したものを徹底的につくりあげよう」という基本理念を立ち上げたのだ。そして、ターゲットとする客は、日本人でも外国人でも和の雰囲気・文化・しつらえ・おもてなしを好む、あるいは、潜在的に関心や理解力を持つ人と設定された。

プロジェクトの規模は、隣接する神社から移転した容積を利用し、事業性の優れたオフィスを約32,000m^{2}確保し、ホテル、一部住宅と商業施設との縦型複合開発とした。250室を備えたホテルは約36,000m^{2}で、東急ホテルのフラッグシップである。

プロジェクトの事業構造と運営体制は、東急電鉄が全体の開発事業者でオフィスと商業部分のテナントリーシングを行う。ホテル部分は東急ホテルが東急電鉄から賃貸し運営する。東急電鉄、東急ホテルのほかに、建築家、インテリアのコンセプトデザイナー、ランドスケープデザイナーが選定され、プロジェクトが進行していくことになった。

3–企業特性と基本理念の関係

企業特性とプロジェクトの基本理念には強い関係がある。企業は、創業者や中興の祖の考え方によって企業理念がつくりあげられ、歴史、中心業態の変遷、都市や地域での役割などに影響され、時代とともに改変されていく。企業活動は収益を上げることが第一義であり、これはどの企業にも共通するが、地域、社会、環境に対する考え方、スタンス、エネルギーのかけ方は組織によって大きく異なる。企業特性のうちプロジェクトの基本理念と強く関連するものは以下の４つである。

〈基本理念と関連する企業特性〉

①企業のビジネス戦略
②開発プロジェクトの位置づけ
③企業の都市・地域戦略
④企業のブランド戦略

企業のビジネス特性と建築・都市開発の関係は６つに大別される。

〈企業のビジネス特性と建築・都市開発の関係〉

①建築・都市開発が本業
大手不動産開発会社から中堅の不動産会社、商業系開発会社、住宅系開発会社など、いわゆるディベロッパーと呼ばれている業種。基本的には、開発により利益を出すことが目的であるが、同時に、街のポテンシャルを上げることにより不動産価格も上がるので、まちづくりや都市景観に対する意識は高い。

②建築・都市開発が主たる業務の１つ
鉄道会社は鉄道事業と沿線の都市開発事業を両輪と位置づけていることが多い。沿線の活性化から始まり、都市再生のスケールの開発までを扱う。ある意味まちづくりが本業と言える。

③総合ビジネスの中に位置づけられた建築・都市開発
総合商社は日本独特のビジネスモデルを持ち、情報集約力を活かした先手必勝型の建築・都市開発に積極的である。人的資源を活かしてプロジェクトマネジメントやコンストラクションマネジメントを担ったり、旧来の商社機能を活かして建築資材を現場に収めたり、管理運営を行ったりと総合的なビジネスの中でプロジェクトを位置づけ、プロジェクトの選別を行っている。当然、その強みと軽いフットワークを生かして、海外に最も早く最も積極的に進出している。

④本業を補完する建築・都市開発

メーカーなど一般企業で、本業に対する位置づけは大きくないものの、企業活動の補完、社員の福利厚生、地域経済活性化、社会貢献などの意味あいを持つ。

⑤資産運用・資産売却を目的とした建築・都市開発

投資ファンド、証券会社、生命保険会社が資産運用を目的として開発するケース。投資ファンドの場合は売却が前提となる比較的短期から中期にかけての資産運用となり、キャピタルゲイン（売る時の価格と開発時の価格の差）を得ることが目的となる。

⑥施工業から参画する建築・都市開発

大手の総合施工会社は、大型複合開発の施工に関わってきた蓄積があり、人材も豊富である。行政の折衝や施工ノウハウを活かしたスケジュール立案と実行を得意とする。本業である施工業務の前段階のサービス業務として開発に参画することも多い。

今後も、新たなビジネスの柱を模索する組織や、資金力があり自ら運用を考える組織の、建築・都市開発への参入が考えられる。

次に開発プロジェクトの位置づけについて触れたい。同じ組織が行う同じ規模や機能構成を持つ開発でも、街全体の水先案内役を担ったり、収益性の確保が第一であったり、新しいビジネスの実験的な位置づけであったり、竣工後短期でリートに下ろすものであったりと、それぞれのプロジェクトの役割はまったく異なる。それによって、プロジェクトの基本理念の方向性が決まる。

さらに、企業の都市・地域戦略も基本理念の設定に大きな影響を及ぼす。東急電鉄や東急不動産の渋谷、森ビルの虎ノ門、三菱地所の丸の内、三井不動産の日本橋などの拠点での開発は、プライドとこだわりが見られ、他の地域で行うプロジェクトとは明らかにスタンスが異なるように見える。

羽田空港の国際化、リニア新幹線の起点、JR 山手線の新駅設置など、ますます人の流れが増すであろう品川や、国内最多の世界遺産を抱え、アメリカの大手旅行雑誌『Travel ＋ Leisure』の読者が選ぶ「世界の魅力的な都市」ランキングで１位を獲得した京都など、人気のエリアには、時には事業採算性のリスクをとってでも開発を狙う企業が多い。

建築・都市開発の目的は、不動産事業を行い収益を上げることであるが、結果として企業・企業グループのブランド力を上げることがあり、また、それが目的となることがある。企業は常に企業のブランド戦略を考えている。ブランド戦略には、①現在のブランドの維持、②現在のブランドの展開、③新しいブランドの構築の３つがある。たとえば、近年、ホテル業界にファッションブランド業界からの参入が目立つ。古くは、フェラガモが拠点であるフィレンツェで小型のホテルを複数所有・運営をしたのが始まりであるが、ヴェルサーチ、アルマーニ、ブルガリなどが次々にホテル事業へ参入している。ターゲットとする顧客の価値観、ライフスタイルを考慮して、独創的で現代的な空間・デザイン・ホスピタリティを表現し、総合的なブランド力を高める戦略を展開している。

4.3 用途を複合するメリット

1–開発を構成する用途機能

建築・都市開発の収益を生みだす用途機能には次の５つがある。

〈収益を生みだす用途機能〉

①オフィス

業務機能。本社ビル、テナントビルの 2 つの種類がある。最近は、SOHO（スモールオフィス・ホームオフィス）やシェアオフィスなども登場。会議室も企画段階ではオフィス事業に含めることが多い。企画段階では基本的にはテナント賃貸事業で検討。

②住宅

分譲と賃貸がある。最近ではホテルに近いサービスアパートメントという業態も登場。再開発では地権者のための住宅がある。企画段階の事業企画では分譲住宅は分譲価格設定、賃貸住宅は賃貸事業で検討。

③商業

物販、飲食、サービス機能、映画館などのアミューズメントで構成される。物販には、ブランドファッション、一般小売、中型店舗であるカテゴリキラー（ファストファッションやライフスタイル系店舗など）、大型店舗のアンカー（百貨店、量販店、郊外型大型スーパーなど）の種類がある。それぞれ、希望する場所、面積、グレード、テナント料もまちまちである。企画段階では基本的にはテナント賃貸事業で検討。

④ホテル

ラグジュアリーホテル、シティホテル、ビジネスホテル（バジェットホテル）、会員制ホテル、リゾートホテル、ラブホテルなどの種類がある。ホテル会社がテナントでビルに入居することもあるが、一般的にはホテル会社に運営費を払って運営委託する事業である。企画段階では基本的には運営委託として検討。

⑤文化・その他

劇場、コンサートホール、美術館・博物館・ギャラリー、事業収益性は期待できない。その他公共施設、宗教施設、運動施設など。

これらの施設の構成を決める要因は以下の9つである。これらを総合的に勘案し、最適な用途配分とグレード設定を行う。

〈施設構成の決定要因〉

①立地・マーケット
②事業収支
③開発規模
④開発グレード
⑤用途配分
⑥開発手法
⑦基本理念・ブランド戦略
⑧開発主体の特性

⑨経済環境

開発対象立地は最も大きな要因で、場所や大きさや適用法律以外に都市部、郊外部遊休土地、未利用地、市街地再開発、大規模開発、小規模開発、ビル建て替え、地域振興、暫定利用・仮設利用などの性格の分析からスタートする。

マーケティングは、交通・人口、街の構造・特徴、周辺開発動向、市場動向、購買層・購買力、商圏、ライフスタイルの調査分析を行う。その結果から、現況から確保できる顧客やテナントを想定したマーケット（レッドオーシャン）と、開発により新たに掘り起こすべきマーケット（ブルーオーシャン）を設定する。

事業収支と開発規模と開発グレードは強い相関関係があり、その最適なバランスを探しそれぞれを設定することが重要である。

開発手法は、民間事業、官民事業、特区、市街地再開発事業、中心市街地活性化事業などの各種手法と想定される事業期間から事業に最適な手法を複数検討して絞り込んでいく。

2−開発の目的と用途構成

開発の目的をおさらいすると、以下のようになる。

〈開発の目的〉

①不動産事業
- 長期的な収益事業：施設を運営し収益を上げる
- 短期的な収益事業：早期に売却をしてキャピタルゲインを得る
- 期間限定（テンポラリー）事業

②資産として保有する

③企業・企業グループの価値、ブランドを上げる

④都市のビジネスを創造・発信する

⑤都市の魅力を向上させる
- 都市景観・都市空間を豊かにする

・新たな賑わいの拠点となる
・新たな文化・情報の発信拠点となる
・新しいコミュニティの場と機会を提供する

まずは、事業性・収益性の観点からだけ見ると、オフィスと住宅がボリューム配分の中心になる。それに、低層部に商業施設を加えるというのが教科書通りの手法である。その関係を考える時、低層部と高層部の収益性に特徴がある。

〈低層部と高層部の収益性〉

①低層部のテナント料　＝ 商業用途 ≧ オフィス用途・住宅用途
②中高層部のテナント料 ＝ 商業用途 ≦ オフィス用途・住宅用途

商業施設は、道路に面した1階の賃料が高く、1階からアクセスしやすい2階や地下1階でも概ね、1階の20～40％程度下がってしまう。3階はさらにそこから20～40％程度下がってしまう。オフィスのテナント料は階によって特別な条件がない限りあまり差がないが、住宅は、高層階や南向きあるいは眺望の良い部屋が人気が高く、分譲価格も家賃も高く設定できる。

しかし、建築・都市開発の目的は収益を求めるだけではない。多くの建築・都市開発は、企業や開発そのもののブランド力を上げる、都市のビジネスを創造発信する、都市の魅力に貢献することが重要な目的になっている以上は、その規模が大きくなればなるほど、用途機能を複合させて、それぞれの役割を考えて組立てていくことになる。開発におけるそれぞれの用途の役割は以下の通りとなる。

〈開発における用途の役割〉

①開発の顔となるのは、文化施設（美術館・博物館・ホール）＞ホテル＞商業施設＞オフィス・住宅の順。
②ホテルは収益性は低いが、話題のホテルが入ると、開発自体のブラ

ンド力が上がり、良いオフィステナントを集めたりオフィスの家賃を上げることが戦略的に可能である。つまり事業収支を向上させる。

③文化施設の収益性はほぼゼロかマイナスだが、開発の広報・情報発信の役割を担う。

④商業施設・ホテル・文化施設は、一般の人が訪れるので開発の賑わいや新たなコミュニティ形成の場を提供する。

⑤オフィス、住宅は収益力が高く安定しており事業を支える要素だが、オフィスは賃貸した会社の人とそこを訪ねる人にしか解放されていない。住宅は購入者や賃貸者だけが利用するので、直接的には賑わいや文化情報発信とは無縁である。しかし、就業人口と居住人口が増えると、それも、購買力がある層であればあるほど、彼らの楽しみや購買行動、あるいは様々な日常サービスや健康・医療サービスなどの需要が増え、それが、新しい賑わいやビジネスや文化のニーズにつながっていく。

3−公共貢献と容積割増

また、事業性が高い開発ほど、容積割増の要求が出てくるが、オフィス・住宅では容積を割増できないことが普通である。容積割増は、まずは、公共機能の拡充、公共空間の整備、交通との結節などの都市機能の向上で公共貢献を証明することが一番の道であるが、「日本橋三井タワー」の「三井本館」や、「丸の内パークビルディング」の「三菱一号館」

写真2　左から、丸の内パークビルディング、三菱一号館、一号館広場

のように、歴史的建造物を保存再生し新しい開発と複合することで、容積を獲得することも可能である。「渋谷ヒカリエ」の劇場付設のような本来行政が整備してきた文化施設の整備も有効である。

また、容積割増分はオフィス、住宅用途には使えないのが一般的で、基本的にはホテルのような不特定多数の人が訪れる施設に当てる。「日本橋三井タワー」では、「三井本館」での容積割増で「マンダリン・オリエンタル東京」が入居している。

4–複合することによるメリット

用途機能を複合して開発を行うメリットは何も容積割増だけではない。複合開発には様々なビジネスや運営上のメリットがある（図2）。

〈複合開発のメリット〉

①各施設が相互に機能を補完しあえるので、利便性・効率性が上がる
②昼夜間人口・休平日の人口を平準化し業務機能と賑わいを両立
③エネルギー供給の効率化、エネルギー需給の平準化
④防災機能の強化
⑤駐車場、各種インフラの共通化・効率化
⑥一体的運営によるサービスの効率化

単独開発ではそれぞれの施設が持たなくてはいけない、エントランスやパブリック機能、ローディングなどのサービス機能、従業員の福利厚生のための裏方諸室、設備システムと機械室のスペース、防災センターなどの防災機能、駐車場などが複合開発では集約可能で、その分、収益を生むスペースに面積を配分することができ、収益性と運営効率が格段に良くなる。さらに、業務機能と商業機能を複合することにより、昼夜間人口と休平日人口を平準化でき、文化施設やホテル機能を複合することで、人々の多様なライフスタイルに対応でき、都市機能が充実する。

そして、一番大きなことは、複合することによって、単一の開発に比べて、アトリウムや屋外広場のような豊かな都市空間を集約して生みだ

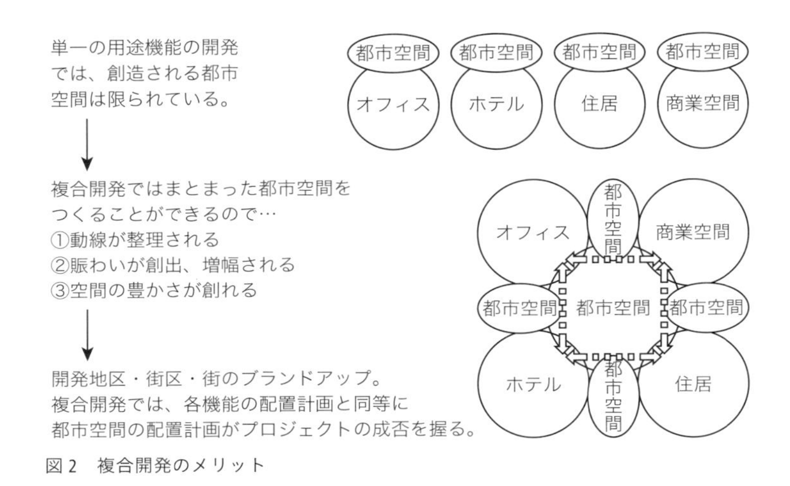

図 2　複合開発のメリット

せる可能性が高まることだ。

〈アトリウムや屋外広場の役割〉

①街と開発の顔となるアイデンティティのある空間
②人々がわざわざ訪れる価値がある快適性、祝祭性、公共性
③交通インフラとの接続
④複雑な動線の整理
⑤賑わい、イベントなどの情報発信の拠点

5─次の時代の複合開発のテーマ

これまで述べてきたように、異なる用途機能の施設がお互いに空間や動線を共有しその相乗効果で都市の魅力を増幅させることがこれまでの複合開発の利点とされてきたが、複合開発は次の時代に向かっている。新しい複合開発のテーマとしては、以下のことが考えられる。

〈新しい複合開発のテーマ〉

①官と民がお互いの長所・短所を補完しあいながら協同すること
②エリアマネジメントの拠点としての位置づけと地域との新しいソー

シャルコミュニティの形成
③業種を超えた民民協同や産官学協同
④都市交通インフラとの複合。鉄道駅との複合は日本独特の発展をしてきたが、それ以外に、空港、バスターミナル、LRT（次世代型路面電車）やパーク＆ライドなどの中間交通、レンタルサイクルなどと複合
⑤有形・無形の歴史的資産や産業遺産との複合
⑥エリア全体の環境とエネルギーの先進的な利用

官と民の新しい協同のかたちは、規制する側・許認可を出す側 VS 開発をする側・許認可の隙間をかいくぐる側という構図を打破し、都市や街の価値を上げ活性化するために、また、人々の労働環境や生活環境が豊かになるように、新しい開発ルールや街のマネジメントを知恵を出しあい制度化していくことであろう。既成概念にとどまらず挑戦することだ。

まちづくりからまち育ての時代と言われるように、所有者と住民と商業者が協力して自らの街を自ら育てていくしくみづくりと財源確保が重要になってきている。ニューヨークで地域の治安維持や美化あるいは賑わい創出に成功し、大阪で試みが始まったBID（ビジネス改善地区）や、税増収見込み額に引き当てて起債し開発資金を集めるTIF（タックス・インクルメント・ファイナンシング）などの制度の研究と日本版の応用に期待が集まる。

そして、コンパクトな都市を目指すためには、機能用途の複合とともに、都市交通との複合が重要である。すでに進められている鉄道やバスターミナルに加え、LRTやパーク＆ライドといった中間交通との複合が今後の課題となる。整備に際しての官民協同の新しい手法の導入や、所有と運営の分離などの検討が望まれる。

さらに、有形・無形の歴史的資産や産業遺産を活かして、新しい建築と統合して、より魅力的な施設として再生することも重要である。「ホテルオークラ東京」のロビーが壊されることに海外からも反対の意思表

示があるが、文化や資産を目に見えている形だけでなく経緯や果たしてきた役割までを含めて正当に評価し、新しい機能や事業性を組み立てて、再創造することが重要である。

4.4 プロジェクト開発手法の選択

1–まちづくり制度と特区

近年、建築・都市開発について、時代のニーズに合った新しい考え方に立脚した様々な法律、制度、条例が策定されてきている。プロジェクトの目的や求められる価値、事業コスト、事業スケジュール、そしてプロジェクトを実行する組織体制の能力や実績を総合的に判断し、どの開発手法を選択するかが重要だ。

新しく登場した開発手法としては、たとえば、東京都が体系だって整備した「再開発等促進区を定める地区計画」や「特定街区」などの制度、国が門戸を解放する姿勢を強く打ち出している「特区」、官と民がお互いの強みを生かして共同する「PPP（Public Private Partnership）」などである。

東京都では、地域特性に応じた開発やまちづくりを進めることを目的として、都市開発の諸制度を定めている。

〈東京都の定める都市開発の諸制度〉

①再開発等促進区を定める地区計画
②特定街区
③高度利用地区
④総合設計

それぞれの概要と運用の基準の詳細などは、東京都の都市整備局のホームページ（http://www.toshiseibi.metro.tokyo.jp）を参照されたい。これらの制度を戦略的に活用するエリアを東京都が設定している。容積率、建ぺい率や高さ制限を緩和する要項や、賑わいや魅力のある施設を誘導するために、緩和した容積の部分に充当すべき用途（育成用途）の内容などについて定めている。

その中で、「特定街区」は、都市機能の更新や、優れた都市空間や都市景観の形成と保全を目的とした大規模（1ha以上）プロジェクトについて、その地域や街区に相応しい建築規則の制限をプロジェクトごとに設定し、都市計画決定するという制度である。都市再生の観点からも、重要かつ有効に活用すべき制度であるとともに、開発事業者にとっても事業性でメリットが大きく、社会性と事業性がWIN-WINになる可能性が開けている制度である。この制度を活用したのが「新丸ビル」や「日本橋三井タワー」などだ。

国の定める「特区」制度については、2013年12月に国家戦略特別区域法が成立したこともあって、猫も杓子も状態になっている。内閣官房地域活性化推進室のホームページでは「居住環境を含め、世界と戦える国際都市の形成」「医療等の国際的イノベーション拠点整備」といった観点から、特例的な措置を組み合わせて講じ、世界で一番ビジネスがしやすい環境をつくると勇ましい。

もともと小泉内閣が構造改革の一環としてスタートさせたもので、緊急的に都市再生が必要と指定された都市部の地域内において民間開発事業者がプロジェクトを積極的に進められるように、プロジェクトが公共

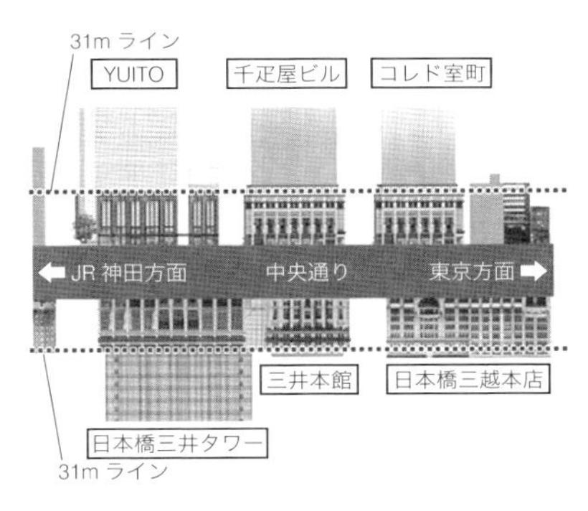

中央通りに面する高層ビルの低層部の高さを百尺（31m）に統一。歴史的都市の景観を形成

図3　日本橋中央通りの都市景観形成

性のある施設や空間を整備して都市再生に貢献することを条件に、容積率や高さ等の規制が緩和される「都市再生特別地区」(都市再生特区）と、地方公共団体が地域の活性化・地域雇用の創出を図るために自発的に提案・申請する区域で、教育、生活福祉、農業、地域産業活性化などの地域特性に応じた事業を行う「構造改革特別区域」(構造改革特区）の2つでスタートした。

それまでの都市開発における特定街区や総合設計の制度では、基本的には容積割増の手法を用いる場合、足元に公開空地を確保し高層部に容積を積み上げることが大原則になっていた。しかし、路面レベルに、誰も通らない、店舗も出せない空地が横たわり、事業者にとって一番テナント料が高く設定できる、1〜2階を失うことになり、開発意欲を減退させてきた。つまりLOSE-LOSE状態になっていた。都市再生特区は、その街区の特性に応じた用途の複合建築が建てられる、容積割増が受けられる、都市計画手続きの短期化・簡略化、税制の優遇などが好評で、複数の成功例を生むことになった。再開発ながら文化施設をつくり交通施設を繋げることで公共貢献を行い550%強の容積割増を実現した「渋谷ヒカリエ」、三井不動産が複数事業者をまとめ、日本橋中央通り沿いで31m以下の統一された歴史的な都市景観の実現と往年の江戸情緒の再現を行った「日本橋三井タワー」から「コレド室町」に至る一連の開発(図3）などである。

現在の特区では、建築基準法などで決められた容積率、建ぺい率、建築面積、高さ、壁面線後退などの制限はある程度自由度が高くなり、用途地域等による用途、斜線制限、高さ制限、日影規制などが適用除外にできる。

2-官民協同の道筋

PPP（Public Private Partnership）についても、簡単に触れておく。公共事業は、都市のインフラをはじめとした、社会資本の整備と再生には欠かせないものであるが、人口減になる社会では税金の使い道もシビアな取捨選択が必要なのは言うまでもない。公共事業の欠点は、以下のようなことである。

〈公共事業の欠点〉

①税金で建てる以上民間資金を活用できない、プロジェクトファイナンスが組めない
②単年度予算、競争の原理が働かない
③事業に費用対効果（VFM ＝ Value for money）の思想がない
④運営に費用対効果（VFM）の思想がない
⑤利益を生まない施設（役所など）と利益を生む施設（文化施設）があるが、施設整備・運営のバリエーションがない

そこで、半ば必然的にPFI（Private Finance Initiative）やPPPが導入されることになった。ここでは、PFIとPPPに共通する考え方とそれぞれの特徴をまとめておく。

〈PFI、PPPの共通する考え方〉

①官と民の得意分野を活かす
②民間資金の活用
③国や地方公共団体が事業コストを削減して公共施設を整備することが可能
④民間のノウハウにより質の高い公共サービスを提供できる
⑤民間に事業機会を創出し、経済を活性化
⑥競争原理の導入による費用対効果（VFM）の最大化
　・同一水準のサービスをより安く
　・同一価格でより上質のサービスを
⑦単年度発注、分離発注から、長期契約、一括発注と分離発注の選択、あるいは性能発注も可能

〈PFIの特徴〉

①民間資金を活用した社会資本の整備

②公共施設の事業企画まで官が行う
③官は施設を直接整備（設計・施工）しない
④民（多くはSPC）は資金調達、設計・施工などの施設整備と公共サービスの提供（運営）

しかしPFIは議会の反対（口利きやキックバックの問題）、病院物件などの深刻なトラブルによって浮き彫りになった、企画が官で実行が民であるための責任の不明確さなどで、民間の事業意欲は低下し、大きな広がりを見せなかった。そこでPPPが登場する（図4）。

〈PPPの特徴〉

①事業の企画・計画段階から官民協働で行う
②資金調達と開発企画は民が行う。設計・施工は民が発注、期間中の所有や終了後の所有は方式により、官と民のどちらのケースもある
③官は所有している土地を民に貸すことによって、その土地代で、老朽化した公共施設を再調達することができる
④民間施設と公共施設が複合することが多い
⑤費用対効果（VFM）の概念に基づいた事業と運営

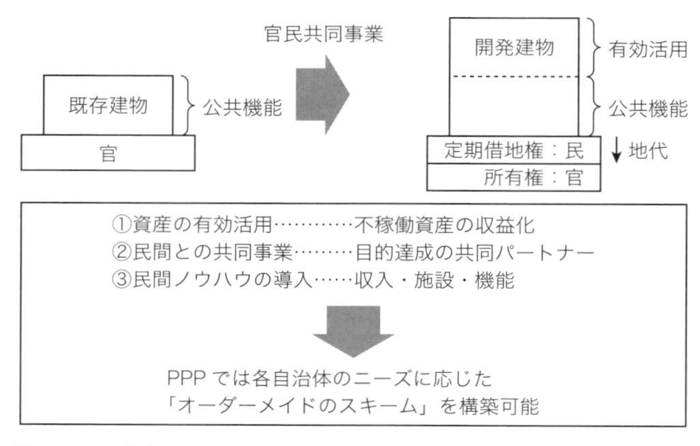

図4　PPPの基本スキーム

⑥官と民がパートナーを組んで事業を行うという、新しい官民協力の形態

国内のPPPの成功事例はすでに複数あるが、規模面、内容面で注目度が高いのは、「芝浦水再生センター再構築に伴う上部利用事業」である。「品川シーズンテラス」と名づけられたオフィスビルは、東京都下水道局による老朽化した下水処理施設の段階的整備事業と、民間共同企業体によるオフィス・商業複合施設開発事業の「港南一丁目地区地区計画」に基づく公有地利活用複合開発である。2015年春にオープン予定で、35haの広大な緑地の整備、下水熱エネルギー利用などPPPのメリットを活かした計画である（図5）。

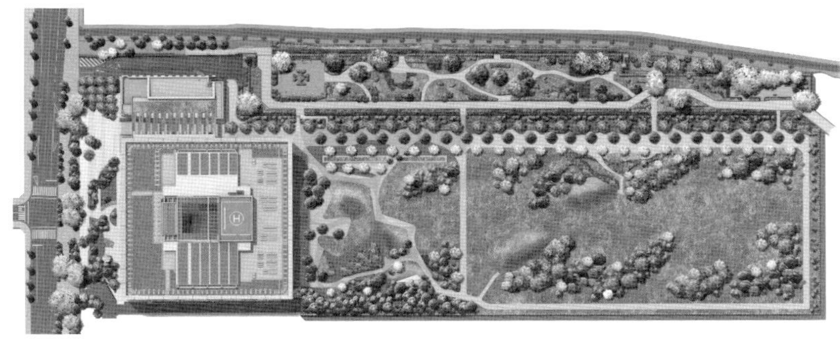

図5　品川シーズンテラス。配置図（上）とイメージ（右）（提供：品川シーズンテラス）

4.5 事業企画：組織とコストの基盤を整える

1−事業企画とは

建築・都市開発は、まずは、中心プレーヤーである開発会社（ディベロッパー）が収益を上げるプロジェクトという事業を組み立てることから始まる。事業とは、直接的には、資金を調達し投入してプロジェクトを企画・実行することである。つまり、土地を買ったり借りたりして設計を行い、建築を建てる。完成した施設はオフィスや商業スペースはテナントに貸したり、住宅は売ったり貸したり、ホテルは運営会社に運営委託をして収益を上げる。土地と建物は、資産として持ち続ける場合もあれば売る場合もある。しかし、うまくいくかどうか、その結果は完成後しかわからないのでは、誰もプロジェクトを行えない。

企画の段階で、成功する目処をつけなくてはいけない。それが、プロジェクトの企画段階の事業企画である。

銀行・投資会社・投資家からプロジェクトを眺めると、プロジェクトそのものは開発会社に委託するわけだが、彼らは毎年利益の配分つまり利回りを受けることが資金投入の目的であるので、プロジェクトの企画段階で、その期待する利回りが保証されることが最大のポイントである。そのため、開発事業者は、初期コスト、運営コストを検証して確度の高い数字を設定し、事業収支を組み立てなくてはいけない。まずは、事業収支の最大化を図り、その中で、投資家に戻す利回りを設定し、投資家に提示して資金を集める。そこからプロジェクトが回りだす。事業企画とは、大まかにいえば下記を行うことである。

〈事業企画のサマリー〉

①そのプロジェクトを実施するのに相応しい組織体制を考える
②プロジェクトが目標の収益を上げる事業収支の目処を立てる
③プロジェクトのゴールまでのマスタースケジュールを作成する

これらについて、次項以降で詳しく解説していく。

2−プロジェクトチームを編成する

開発事業者・プロジェクトの特徴を把握する

プロジェクトチーム（以降、PMチーム）の骨格を編成するにあたり、まず開発事業者の特徴とプロジェクトの特徴を把握する。

チームを編成する際に考慮すべき要素としては、「建築プロジェクトのマネジメント方式の類型化とその選択支援システムに関する研究」（市川浩司、古阪秀三、遠藤和義著、日本建築学会計画系論文集、1994年1月）で、開発事業者の特徴とプロジェクトの特徴の要素が整理されている。表1はその項目をベースに、筆者の経験から付け加えるべき要素を加えて整理したものである。

開発事業者の特徴としては、同規模・同内容の開発の経験の多い・少ないや、その組織の企業哲学、組織の規模などが影響を及ぼす。また、インフラを扱ったりする公的性格が強い組織であるとか、開発事業者の専業度など組織の性格も重要な要素となる。複数の開発事業者がプロジェクトの実施を目的とした新しい開発組織をつくることが多いが、その場合は、開発組織を構成する組織の数や特徴、そして、いずれの場合にも、調達資金の種類や特徴、ステークホルダーとの関係などが重要な要素である。

表1　PMチーム組織構成に影響を及ぼす要素

開発組織の特徴	・開発経験の豊富さ・参加意欲 ・組織の性格・哲学・ブランド力 ・組織の規模 ・開発業務の専業度 ・公的性格 ・再開発 ・SPC ・ステークホルダーの特徴
プロジェクトの特徴	・規模・グレード・期間 ・複合開発 ・継続性 ・難易度・専門性 ・公共性 ・守秘性・透明性 ・コスト ・工期 ・デザイン ・設計変更の可能性

（出典：市川浩司、古阪秀三、遠藤和義「建築プロジェクトのマネジメント方式の類型化とその選択支援システムに関する研究」（日本建築学会計画系論文集、1994年1月）をもとに筆者の考える要素を加筆修正）

プロジェクトの特徴としては、規模、グレード、用途機能など開発を構成する基礎的な事項に始まり、プロジェクトの難易度、継続性、複合性、専門性、さらにはプロジェクトの位置づけの公共性・中立性・透明性や、通常のプロジェクトから大きく外れたコストやスケジュール、デザイン性が重視されているかどうかなどである。

3タイプのプロジェクトチーム

日本における建築・都市開発のPMチームの構成には、3つのタイプがある（図6①〜③）。

1つめのタイプは、旧来型の、プロジェクトマネジメント業務は開発事業者で完結するというPMチーム（図6①）である。開発組織の特徴は、開発の経験が豊富、専業度が高い、専門性の高いチーム編成が組織内で可能な場合である。単純な調達資金構造と事業構造、比較的単純な収益構造となる。プロジェクトの特徴は、継続的で、リスクが想定内、一般には小中規模・単一用途・短中期の開発、標準的なグレードや品質・デザイン性、特殊な条件（都市計画手法、近隣・環境条件、特殊な技術）が限定的な開発の場合にこの組織図が適用される。また、高度な守秘性が求められるプロジェクトや責任の一元化を強く求められるプロジェクト、早期完成・低価格化が他の要素に比べ上位に位置づけられる場合に適用される。

開発事業者は、設計事務所、インテリアデザイナーなどと直接契約を行い、設計業務やデザイン業務をコントロールする。必要な時期に必要に応じて、マーケティングや企画などのコンサルタントと契約し業務依頼を行う。日本においては、一般的に、設計事務所は、プロジェクトマネジメント業務の補助的な役割が求められる。

複合開発は、開発事業者・運営者をはじめとしてステークホルダーが多種多様であり、事業構造や収益構造が複雑なものが多い。求められる専門性が高度で広範囲にわたり、1つの開発組織の中で、可用性・能力・経験・興味・コストの5つの特性（PMBOK第3版「プロジェクトチーム編成のインプット」より）を満たす人材を揃えることは、たとえ経験豊富な開発事業者でも難しい。プロジェクトの特徴は、特殊性（非継続性）、工期・

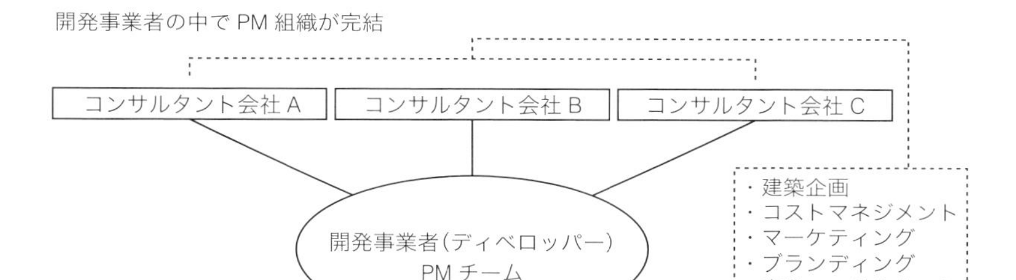

図6① PMチーム構成1：一般の建築開発、旧来型

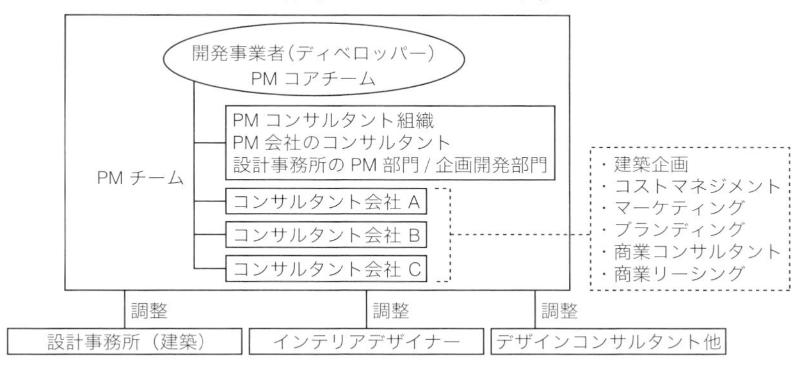

図6② PMチーム構成2：大規模開発・複合開発・ホテル開発の場合、今後の主流

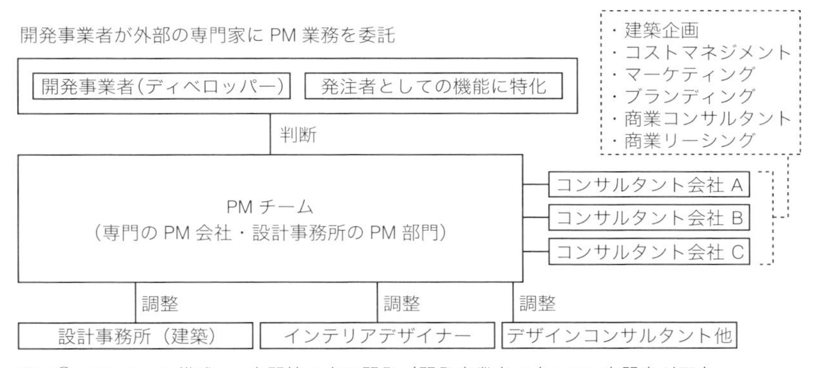

図6③ PMチーム構成3：専門性の高い開発／開発事業者の中にPM専門家が不在

コスト・リスクのマネジメントの難易度の高さ、大規模・複合用途・長期の開発、商品としての高い競争力すなわち高い品質やデザイン性の要求、設計変更の可能性の高さなどの特徴がある。また、容積割増などで特殊な都市計画手法の導入が検討されるようなケースでは図6②の組織図が適用される。

開発事業者がPMコアチームを編成し、必要な専門家を加え、チームを編成する。全工程通してチームに参加し開発事業者の業務をサポート・補完する役割を担うプロジェクトマネジメントを専業とする組織からのメンバーと、必要な時期に必要に応じて登用される専門家によって編成される。

近年、プロジェクトマネジメントコンサルタント会社や設計事務所のプロジェクトマネジメント・企画開発部門がプロジェクトマネジメントのノウハウを蓄積し、また人材が育ち組織として実力をつけてきている。開発事業者の経験が浅い、開発が本業でない、参加意欲が低い、あるいは開発事業者の中にプロジェクトマネジメントの専門家が不在の場合は図6③のような組織図が採用されるケースが出てきている。開発事業者は発注者としての判断・承認・確認の業務に徹し、PMチームはプロジェクトマネジメントコンサルタント組織や設計事務所のプロジェクトマネジメント・企画開発部門に委託する。コスト、工期の調整から設計やデザインの調整、工事発注調整はそのPMチームが開発事業者のREP（レプレゼンタティブ＝代表者）として遂行する。

また、ステークホルダーの利害関係が複雑で、中立性・透明性が求められるプロジェクトのPM組織としても採用されることがある。

3−企画段階の事業収支の構成

コストの基本的な構成

企画段階のコストと事業収支の基本的な構成を整理してみると、以下のようになる。

〈コストの基本的な整理〉

①コスト＝初期コスト（初期投資額）と運営コスト（営業収支）

②初期投資額＝土地代、建築工事費、その他（家具什器備品、設計料、税金ほか）

③運営コスト＝営業収入と営業支出

④営業収支（利益・収支）＝営業収入－営業支出

⑤事業収支の企画＝初期投資額と営業収支の関係を考え、最初にプロジェクトの収益のめどを立てること

⑥建築・都市開発の企画段階における最も一般的な事業収支の企画＝営業収支÷初期投資額＝ NOI（Net Operating Income、純収益）

コストのバランスを直感的に捉える

初期コストを抑え、営業収支を良くすることが、事業採算性を良くするということになるが、事はそう簡単ではない。プロジェクトの社会的・文化的・経済的価値の話やプロジェクトの目的のことはひとまず置いておいて、単純な事業採算性のみに注目しても、初期コストと運営コスト（営業収入と営業支出）はリンクしていることがわかる。

たとえば、商業施設を計画したとする。初期コストを抑えるために比較的安い土地を探すと当然のように駅から遠くなる。そうすると、駅近辺の商業施設に比べてテナント料が安くしか取れない、つまり、営業収入が減る。また、テナント料に見合ったテナントが入ることになり、集客力も落ちる可能性がある。

次に、オフィスを計画したとする。高いテナント料で貸すために、同じ地域にあるライバルに勝つために、天井高を 5cm 上げたり、使える電気の容量を大きくしたりして仕様・性能を上げる。また、外装やロビーのデザインにお金をかける。そうすると、建築工事費が上がる。つまり、初期コストが高くなるわけだ。

一方、飲食施設を計画したとする。営業支出を抑えるために、人件費や材料費を削減し、経験の浅い人やアルバイトの比率を上げ、安い食材を入れると、当然ながらサービスレベルが落ち、時にはトラブルにつな

がり、長いスパンで見ると営業収入が確実に減る。

事業収支の企画とは、初期投資額と営業収入・営業支出の、現実的で最もプロジェクトの目的に相応しいバランスを考え、プロジェクトの特性に合わせて戦略的なアレンジを加えて、最初にプロジェクトの収益のめどを立てる。それを、プロジェクトチーム、支援する組織、主たるステークホルダーと共有することである。そして、プロジェクトにフィードバックしていきなら実行していくことになる。

4–初期コストの構成

初期コストを構成する3つの要素

初期コスト（初期投資額）は、次の3つの要素から構成される。それらを俯瞰的に見てみる（図7）。

〈初期コストの構成〉

①土地取得費
②建築工事費
③それ以外

土地取得費
土地取得登録税
解体工事費（ない場合もある）

建築工事費　：土地を除くと最大の金額

家具・什器・備品
設計料　：建築設計監理料…建築工事費の3〜6%（個人住宅除く）
PM・企画・マーケティングなどのコンサル料、インテリア・ランドスケープ・照明などのデザイン料、全部合わせて建築工事費の6〜10%
建築取得登録税　：建築工事費 × 0.7 の 3.4%
開業準備費　：建築工事費の 3 〜 5%
予備費　：建築工事費の 3 〜 5%
その他
→ 合計：建築工事費の約 20 〜 30%（ホテルは高い）

図7　初期コストの構成

第一は土地取得費である。土地は、買う、一定の期間借りる、交換する、などの方法で手に入れることになる。それ以外に、土地取得登録税と、既存の建物が建っている場合は解体工事費がかかる。国税庁などが定める路線価格に市場原理や経済状況が加味され、価格が決まる。誰もが手に入れたい場合などを除き、比較的金額が読みやすい場合がほとんどである。

第二に建築工事費である。これは、土地代と共に、初期コストの中で大きな金額を占める。場所、規模、用途機能などから大体の金額は想定可能である。そして、設定するグレードにより大きく左右される。また、市場原理、競争原理、発注方式、経済状況や施工の難易度や特殊な条件によって、振れ幅が大きくなるので、そのあたりをどう設定するかが、事業収支の企画では重要になってくる。

第三の項目は、それ以外すべてということになる。

土地を買うか、借りるか

まず土地を取得しなくては建築・都市開発は始まらない。土地の調査方法、取得方法や価格については多くの書籍や行政のウェブサイトがあるので、詳しい説明はそちらに譲るとして、ここでは、それを整理することと、事業用定期借地についての本質的な考え方のみ述べたい。

土地については、登記簿、公図、測量図などの調査と都市計画図やインフラ台帳の調査などの文献資料調査と現地実地調査を組み合わせて情報を得ることから始まる

〈土地の調査項目〉

①権利関係

地番（住居表示）、所有者、土地の権利、抵当

②面積・地形

面積、地形、境界

③都市計画・規制

都市計画、地区計画、条例、用途地域と用途制限、容積率、建ぺい

率、高さ・斜線制限、日影規制

④道路

接道条件、前面道路幅員

⑤インフラ

電気、上下水道、ガス、情報インフラ

⑥周辺環境、近隣、交通、駅からの距離

⑦地盤

調査を経て、土地を買うことで事業を組み立てるとすると、企画段階では土地価格を路線価格で計算する。国土交通省、国税局、東京都主税局などが路線価格を公示している。土地は借地権の割合が設定されているが、事業用地として価値が高いほど借地権の割合が高いと考えて良い。また、角地は少し高くなる。高い方の路線価格に安い方の路線価格に影響係数を掛けて算定する。

さて、土地を確保する方法には、買う＝「所有」と借りる＝「非所有」の2つがある。かつては、土地は資産であり、企業会計上、資産の保有そのものに意味があって、土地神話のようなものが根強かった。しかし、近年は保有資産が効率的に利回りを生んでいるかどうかが重要視されるので、所有・非所有という形態自体にかかわらず、投資効率から事業性を判断することの方が一般的と言える。

開発事業者は、土地・建物を持ち続けることにはこだわらず、土地と建物の権利をセットにしていつでも売却できる準備をしつつ開発を行うのだ。資金が潤沢に調達可能であって、投資に見合った収益が得られると判断できれば土地は買うが、土地代は特に都市部では高く、開発事業の初期投資のかなりの部分を占めるため、土地を一定期間借りて開発事業を行うことがもう1つの選択肢になっている。事業用定期借地である。

事業用定期借地とは

事業用定期借地とは、噛み砕いて言うと、土地を持っているが、その運用に関しては素人でかつ土地を財産として考えていて手放したくない人が、10年から長くて50年までの一定期間、土地活用のプロである開発事業者に土地を貸して、土地賃借代を開発事業者から定期的に受け取るという方法である。

事業用定期借地は、政府もその利用促進に熱心で、所有から利用へという大きな流れのなか、2007年に存続期間の上限が20年以下から50年未満に引き上げられた（国土交通省・土地総合研究所のホームページ http://www.lij.jp/info/info2b.html）。それではなぜ、事業用定期借地が街の活性化に繋がるのかということと、貸す側と借りる側のメリットと課題、どのような事業が向いているかについて解説する。

事業用定期借地の街にとってのメリットは、都心や郊外の遊休地の活用が進み、街の活性化が図れ、税収入の増加に繋がるということだ。土地の所有者にノウハウがなく塩漬けになっていたが、実は事業展開のポテンシャルが高い土地が、開発事業に委ねられ、地域に合った商業施設などがつくられると、ビジネス機会や雇用が生まれ、利便性が高まり、街としての価値が上がる。

次に貸す（土地所有者）側のメリットは、開発事業者が事業を行うことによって生まれる収益から、土地賃借代が定期的に配分され、さらに契約終了後には、開発事業者が建物を撤去し更地にして資産である土地を返却してくれるということだ。通常の借地権では、借りた側に権利が発生し、借地期間が終了しても土地所有者に契約更新を拒絶する正当な理由がなければ、借地契約は法律的に自動的に更新となり、借地の明渡しを求めることができなかったり、建物を買い取ったりしなくてはいけなかった。これでは、遊休地の土地活用が進むはずもない。貸す側にリスクがなく有利な条件設定として、遊休地を積極的に貸し出してもらおうというわけだ。

借りる側（開発事業者）から見たメリットも多い。開発事業者が、土地や建物を資産として持つ必要がないのであれば、土地を買うより借りる方がトータルではかなり安くなる。つまり、初期コストがまず抑えられる。都心の土地代が高いところや、大きな土地面積が必要な大型商業施設などは、初期投資が大きいと事業が成り立たないケースがあるが、事業用定期借地の手法を使うと、事業収支がうまく成立する場合も多く、商業施設など暫定利用（10年くらいの利用）などの事業も可能となる。つまり、あらゆる面で、事業の手札が増える。

建築工事費を算定する

土地の次に、建築工事費について建築の規模・用途機能・グレードを検討し投資額を決める。

規模に関しては、一般的には、都市部では容積率をすべて使ったボリュームを検討することになる。その上で、都心一等地では、容積率を上積みする開発手法を複数検討し、プロジェクトの条件に合った選択を行う。逆に、郊外地や、容積を使い切ることが必ずしもプロジェクトの最適解ではない場合は、容積率を余らせることもある。プロジェクトの特性と目的による。都心にあっても、容積神話から脱却するプロジェクトもありえる。

建築工事費は経済環境や競争原理に左右されるが、企画段階では、細かな積み上げをするのではなく、予算を策定する上での大枠を外さないようにすることが重要で、一般的には、3つの方法を統合して算定する。

1つめは、より客観的な指標、たとえば財団法人建築物価調査会が公表している地域別用途別データで最新の工事単価を調べたり、同地域で複数の類似事例の工事費を調べ、特殊な要因係数と工事発注時の物価予測の係数をかけて算出する。

これをベンチマークとして使用する。

2つめは、建築企画で作成した、マスタープラン、配置、平面、立面、断面、面積表をもとに、大まかな数量を算定し、建築工事費（基礎、躯体、外装、内装）、設備工事費（電気、空調、衛生、昇降機）をそれぞれ算定する。

3つめは、複合施設などでは建物の用途機能別にグレード設定を行い算定する。たとえば、一般的なオフィス部分の工事費指標を80～100とすると、Aグレードのものは120、アトリウムなどの大空間のパブリックスペースは150～180、ブランド商業施設は180～200、一般商業施設は60、郊外型商業施設は40、ラグジュアリーホテルは120～150、シティホテルは80～100などである。

その他の初期コスト

まずは、工事発注から外れる家具・什器・備品（FFE）類である。これには、家具、カーペット、サイン、アート、プランターなどや環境演出といった建築系のものと、システム、ソフト、オーディオヴィジュアル、ITなどの設備・情報系、厨房機器などの運営系がある。この費用が一番高いのがホテルで、バジェットホテルでは15万円／坪、シティホテルやラグジュアリーホテルでは20～25万円／坪を初期コストに見込む必要がある。

設計と監理を行うために、設計事務所に支払うのが建築設計監理料である。国土交通省で大まかな基準が決まっているが、概ね、個人住宅を除くと、建築工事費の3～6%程度は見込む必要がある。さらに、マーケティング、企画、プロジェクトマネジメント、商業テナントリーシングをコンサルタントに依頼する場合にはコンサルタント料が、インテリア、商環境、照明、ランドスケープなどのデザインを依頼する時にはデザイン料がかかる。プロジェクトの目的とグレードにより、誰に何を依頼するかが決まるが、その金額はまちまちである。ビッグネームは当然高い。

その他、建築工事費×0.7の3.4%の建築取得登録税、通常建築工事費の3～5%の開業準備費を見込む。そして、予備費である。プロジェクトの規模が大きく長期にわたる場合は、必然的に色々な要素にコストがかかる。重要なキーテナントの要望や、プロジェクトのグレード、仕様やデザインの追加変更に関わること、近隣対策や電波障害対策から遺跡が出てきたケースなどの外部要因まで、様々なことが起こりうる。こうした予備費を、建築工事費の概ね3～5%見込む。

この第三の項目は、合計すると、工事費の20～30%を見込んでおくことになる。ホテルの場合は、家具・什器・備品の予算が最も多く、デザイン料やコンサルタント料、開業準備費、予備費などが他の建物タイプに比べてかかるため、工事費の30～40%を見込んでおく。

5−運営コストの構成

営業収入の構成：オフィス

オフィスの営業収入はテナント料(家賃)×入居率が基本となり、その他、共益費、駐車場賃料などが営業収入に加えられる。したがって、良い事業すなわち収益性が高い事業は、高く貸す＋空室率を減らす、ということになる。

オフィスのテナント料は、立地の要素が最大で、建築のグレード、プランニング・性能・仕様、開発事業者・設計者・施工者の信用度、経済環境などによって左右される。新築オフィスは既存オフィスより平均30～40%高い。三鬼商事のデータ（https://www.e-miki.com/market）によると、2014年の東京ビジネス5区（千代田、中央、港、新宿、渋谷）の新築オフィスは26,000～28,000円／坪、既存オフィスは16,000円／坪台で推移している。空室率は6%台で推移している。

オフィスのテナント料は、実際は、テナントと開発事業者の駆け引きがあり、また、公表されているものと実際のテナント料が異なる場合もある。どうしても入居してほしい好感度企業、人気企業の誘致の場合には、実質賃料はもっと安い、あるいはフリーレント（他テナントの手前、見た目の賃料を下げずに一定期間無償入居させる）などの便宜を図る場合もある。企画段階には、そういった要素は考慮せず、相場に経済状況の予測などを加味して、テナント料と入居率は少し固めの数字を見ておくことが普通である。

営業収入の構成：商業施設

商業施設の営業収入も同様で、テナント料(家賃)×入居率が基本となり、共益費、販売促進費、駐車場賃料が加えられる。良い事業、収益性が高い事業は、これもオフィス同様、高く貸す＋空室率を減らすということになるが、グレードが同じであれば、仕様、性能、デザインにほとんど差が出ないオフィスと異なり、付加価値が重要となってくる。

オフィスの賃料は立地による相場が支配的であるが、商業施設の場合は、立地と階数が最大の要素となる。また、同じエリアでも面するストリート、規模、階数、業種によってかなり差がある。個々のテナントの出店戦略によっては、1店舗単体での採算性は度外視して高額テナント料を払って出店するケースもあり、逆に開発事業者がどうしても誘致したいテナントは安いテナント料で貸すこともある。

オフィスが固定テナント料なのに比べて、商業施設は固定＋歩合（販売額に応じた賃料）でテナント料が構成される。固定と歩合の割合の設定交渉は、開発事業者とテナントの駆け引きになるが、総じてテナントは、歩合の割合を高めたがり、開発事業者はリスク軽減のため固定の割合を高めたがる。企画段階は、立地によりまず階と業態ごとのテナント料の単価を設定し、テナントの業態ごとの各階への配置（MD）を計画し、稼働率を設定し、営業収入の数字を見積もる。さらに、プロジェクトの特性に合わせて、若干の付加価値を加味していく。CBREの貸店舗賃料相場（http://www.cbre-propertysearch.jp）などが参考資料となる。

商業施設の業態別必要テナントリーシング床面積とテナント料（1坪あたり、1月あたり）の目安を示す。一般店舗の路面（1階）が20,000円／坪をベンチマークとなる立地とする。もちろん、その他様々な条件によってかなり変動するが、原則論を理解してほしいのであえて御法度の数字を表記した。

〈商業施設の業態別要求床面積とテナント料指数〉

①ブランドショップ

テナント料は高いが、要求のレベルも高い。グレードが落ちる一般専門店との同居は基本的には不可。

テナントリーシング面積：50 ～ 200 坪

テナント料：30,000 ～ 50,000 円／坪・月

②物販専門店

路面のテナント料が高く、上の階に行くほど安くなる。4 階以上は成り立ちにくい。

一般専門店：テナントリーシング面積：10 ～ 50 坪

専門店セレクトショップ：テナントリーシング面積：10 ～ 100 坪

テナント料：1階：20,000円／坪・円、2階：15,000円／坪・円、3階：10,000円／坪・円

③飲食店

一般に、物販専門店よりテナント料の負担力は低い。ただ、眺めが良い、あるいはテラスがあるなどの条件があれば、テナント料を高めに設定できる。レストラン、バー、カフェなど。

テナントリーシング面積：10～100坪

テナント料：1階：15,000円／坪・月、2階：10,000円／坪・月、3階以上：8,000円／坪・月、眺めの良い最上階など12,000円／坪・月

④大型専門店（カテゴリーキラー）

一般に、物販専門店よりテナント料の負担力は低いが、大きな面積を借りてくれるので、開発事業者にとっては重要なテナントといえる。また路面にそれほどこだわらない。ファッション、家具、本、CD／DVD、スポーツ、ライフスタイル系など。

テナントリーシング面積：50～500坪

テナント料：8,000円／坪・月

⑤大型専門店（量販店）

テナント料の負担力は低いが、大きな面積を借りてくれるありがたいテナントである反面、全体のグレード感にマイナスの影響を与えることがある。路面にこだわらない。家電、ホームセンター、廉価な家具、おもちゃなど。

テナントリーシング面積：200～500坪

テナント料：3,000～4,000円／坪・月

⑥百貨店

テナントリーシング面積：10,000坪以上

テナント料：8,000円／坪・月

⑦その他

スーパーマーケット

テナントリーシング面積：500坪以上

　　テナント料：3,000 〜 4,000 円／坪・月
　GMS（郊外型大型スーパーマーケット）
　　テナントリーシング面積：1,000 坪以上
　　テナント料：3,000 〜 4,000 円／坪・月
　SPA・エステ・美容理容（中間階の有力テナント）
　　テナント料：8,000 円／坪・月

営業収入の構成：住宅

住宅は分譲と賃貸がある。分譲は販売価格×販売戸数になり、建物完成時に資金が回収できる。賃貸は営業収入であり、家賃（テナント料）×入居率が基本となり、その他、共益費、更新費、駐車場賃料などが営業収入に加えられる。収益性が高い事業は、オフィス同様、高く貸す＋空室率を減らす、ということになる。分譲であれ賃貸であれ、立地、建築のグレード、プランニング・性能・仕様・デザイン、開発事業者・設計者・施工者の信用度、経済環境などによって分譲価格や家賃相場が決まる。

営業支出の考え方：オフィス・住宅・商業施設

オフィス、住宅の営業支出は運営、清掃、セキュリティ、設備維持管理、水道光熱（共益費と相殺することが一般的）などの管理運営費（ビルディングマネジメント）である。管理運営費は一般的には家賃収入の5％程度見込んでいたが、近年、セキュリティやサービスレベルの要求が上がっており、テナント管理の重要性も上がっている。つまり、ビルディングマネジメントの概念がプロパティマネジメントの概念に移行しつつある。また、修繕費も近年は、現状維持では競争力を落とすので、改修費として、建築工事費の数％を積み立てておく必要がある。あとは、公租公課（税金）である。企画段階の設定としては少し安全を見て概ね建築工事費の 20％程度を見込む。

商業施設は、運営、清掃、セキュリティ、設備維持管理、水道光熱の管理運営のほかに、テナント管理と販売促進のプロパティマネジメント

に人手とコストがより多くかかり、改修も競争力維持のために毎年の小さな修繕に加え、5年程度で中規模の改装が必要になってくる。企画段階の設定としては概ね建築工事費の30%程度を目安として諸事情を勘案し組み立てていく。

ホテル事業と運営

ホテル事業は、主に2つの方式がある。

〈ホテル事業〉

①ホテル運営会社に運営委託費を払い運営を委託する「運営委託方式」（Management Contract）
②ホテル運営会社に床を貸す「賃貸借方式」

他の業種と異なり、テナントに貸すという賃貸借方式はむしろ少なく、運営委託という事業形態になることが多い。ホテルビジネスは3つの組織から成り立っている。不動産事業を行う開発事業者、開発事業者などが別組織をつくり経営するケースが多い経営者、そして、シェラトンホテル、プリンスホテルなどホテルの名前にもなっている運営者である。

賃貸借方式は、オフィスと類似した事業形態だが、差異は対象面積の考え方で、オフィスの賃貸借はネット床面積（レンタブル部分のみ）を対象としているのに対し、ホテルの賃貸借はグロス床面積（ロビーやエレベーターや設備機械室などの共用部分も含めた面積）を対象とする。初期投資については、躯体・設備・基本内装は開発事業者が負担、特殊内装は開発事業者か運営者が負担、家具・什器・備品類（FFE）は運営者が負担するケースが一般的である。

運営委託方式は、投資、開発、開発コスト、開発リスク、資産保有に関する事項は開発事業者側が担当あるいは負担し、ホテル事業については、運営会社に委託する。固定金額＋収益に料率を乗じた金額を運営委託費（Management Fee）として支払う。運営会社は、投資や開発の資金や人材を抱えているわけではないので、開発事業者から、運営委託費をもらい、ホテルを運営する。運営に関する人事権・予算執行権は運営会社に決定権がある。開発事業者が躯体・設備・内装・特殊内装を負担し、一部運営者が特殊内装を負担、家具・什器・備品類（FFE）は運営者が負担することが多いが、一部開発事業者が負担することもある。

ホテルの所有と運営の方式については、その他、昔からのやり方や旅館の業務形態である所有･直営方式、リース方式（テナント方式）、運営ノウハウの技術提供を行うフランチャイズ方式などがある。

運営委託方式でのホテルの施設概要、営業収入、営業支出の企画段階の目安は以下の通りである。もちろん、実際はプロジェクトにより千差万別である。

〈ホテルの種類と営業収支の指標〉

①シティホテル

客室（35 ～ 40m² ／ 1 室）：平均客室単価（ADR）15,000 ～ 20,000 円
稼働率 80％
粗利は売上げの 25 ～ 28％、運営委託費は売上げの 6 ～ 8％
他減価償却や税金：売上げの 5％
開発事業者の営業収支は売上げの 15％

②ラグジュアリーホテル

客室（40 ～ 50m² ／ 1 室）：平均客室単価（ADR）25,000 ～ 40,000 円
稼働率 70％
粗利は売上げの 28 ～ 30％、運営委託費は売上げの 8 ～ 10％
他減価償却や税金：売上げの 5％
開発事業者の営業収支は売上げの 15％

③ビジネスホテル・バジェットホテル

客室（20 ～ 25m² ／ 1 室）：平均客室単価（ADR）8,000 ～ 12,000 円
稼働率 90％
粗利は売上げの 35％、運営委託費は売上げの 5％
他減価償却や税金：売上げの 5％
開発事業者の営業収支は売上げの 25％

6-NOIとIRRの基本的な考え方

NOI（Net Operating Income）

事業計画の中で事業収支の評価指標として使用されている主なものは以下の通りである。

〈事業収支の評価指標〉

① NOI（純利益） Net Operating Income
② IRR（内部収益率） Internal Rate of Return
③ EVA（経済付加価値） Economic Value Added

企画時に事業が成立するかどうか検証する時に、一番基本的でシンプルな方法がNOI（Net Operating Income）である。入門書である本書ではNOIを中心に解説し、IRRについては考え方のみに触れるが、EVAについてはかなり難解なため、専門書で理解を深めてほしい。

建築・都市開発事業において事業収支計画を立てるということは、その事業によって得られる適正な収益（純収益）をもとに、物件価格（収益価格）を算出することであるが、その物件の一番適正な利回りを判断して設定し、物件価格を算定する。その適正な利益が還元利回り（Cap Rate）と呼ばれているものである。還元利回りをいくらに設定するかによって、物件価格は変わる。

・還元利回り（Cap Rate）＝営業利益率（Income Gain）＋資産利益率（Capital Gain）

営業利益率とは、建物が完成後、オフィスや商業のテナント収入などによる営業収入とプロパティマネジメントやビルマネジメントに使われる営業支出の差である営業収支を初期投資額で割ったものである。

・営業利益率（Income Gain）＝（営業収入－営業支出）÷初期投資額

営業利益率は、プロジェクトの初期段階からある確度で想定可能であるため、企画段階での事業収支計画のベースとなる。

一方、資産利益率は売却時の価格と調達時（購入時）の価格の差額を初期投資額で割ったものである。

・資産利益率（Capital Gain）＝（売却時の価格－調達時（購入時）の価格）÷初期投資額

資産利益率は不確実性が大きく、企画時の事業計画で値上がりを想定することは大きなリスクである。バブルの頃の日本や2012年頃までの中国の都市部では、売却時の価格が必ず調達時の価格を上回るという楽観的な考え方のもと、かなり乱暴な事業収支計画が立てられ、過剰な初期投資が行われた。しかし、現在では、企画段階では資産利益率＝0として、還元利回りを設定することが一般的になっている。その考え方がNOIである（図8）。

・還元利回り＝NOI（Net Operating Income）
＝営業利益率（Income Gain）＋0
＝（営業収入－営業支出）÷初期投資額

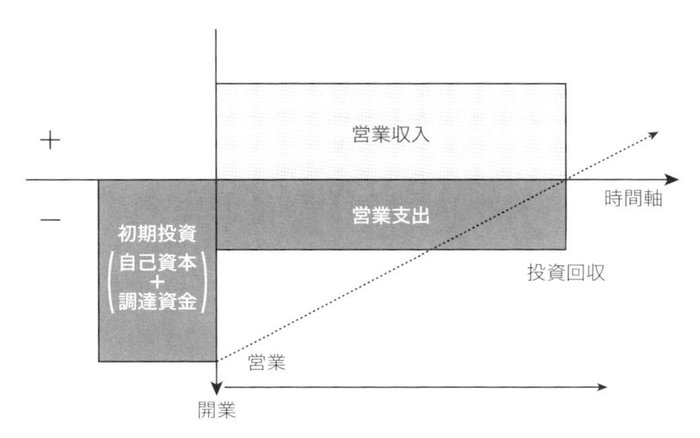

図8　一番シンプルな事業収支計画 NOI

NOIは、指標としては、投資額が単年度ごとにどのぐらいの収益を生むかをみる指標である。現在の経済環境下では5%がほぼ最低ラインとなっている。

練習問題1　NOIを求めよう

簡単なNOIの概念を簡単につかむために、1,000m^{2}のオフィスの事業収支を考えてみよう。

［初期コスト］

土地の面積500m^2、土地の路線価格300,000円／m^2

＞土地取得価格150,000千円（1.5億円）①

建築延面積2,000m^2、建築工事単価300,000円／m^2

＞建築工事費600,000千円（6億円）②

設計監理料・開業準備費・税金・予備費：建築工事費の25%と設定

＞150,000千円（1.5億円）③

初期コスト合計：①＋②＋③＝900,000千円（9億円）④

［運営コスト］

・営業収入設定

有効レンタブル比75%⑤、空室率5%（95%を賃貸すると設定）⑥

テナント料＋その他共益費等：8,000円／m^2・月⑦

＞営業収入　2,000m^2×⑤0.75×⑥0.95×⑦8,000円×12ヶ月

＝136,800千円／年⑧

・営業支出設定

営業支出：営業収入の約27%と設定

＞営業支出　36,800千円／年⑨

・営業コスト

＞営業コスト　⑧136,800千円－⑨36,800千円＝100,000千円／年（1億円）⑩

［NOI］

NOI＝⑩100,000千円÷④900,000千円＝0.11　つまり11%

NOIが11%ということは、すべて自己資金で事業を行った場合の利回

りが11%ということで、初期コストが9年で回収できるということである。なかなか収益性の高い事業ということになる。

投資利回りとは、NOI－調達資金の金利（銀行やファンドから借りる）で、先ほどの例では、調達資金の金利の平均が3%とすると投資利回り＝NOI 11%－3%＝8%となる。

練習問題2　テナント料を設定しよう

1,000m²の商業施設で8%のNOIが求められている事業のテナント料を設定してみよう。土地の条件は、先ほどのオフィスと同じとする。

［初期コスト］

土地の面積500m²、土地の路線価格300,000円／m²

＞土地取得価格150,000千円（1.5億円）①

建築延面積2,000m²、建築工事単価250,000円／m²

＞建築工事費500,000千円（5億円）②

設計監理料・開業準備費・税金・予備費：建築工事費の30%と設定

＞150,000千円（1.5億円）③

初期コスト合計：①＋②＋③＝800,000千円（8億円）④

［運営コスト］

・営業収入設定

有効レンタブル比60%⑤、空室率0%（100%を賃貸すると設定）⑥

テナント料＋その他共益費等：X円／m²･月⑦

＞営業収入　2,000m²×⑤0.6×⑥1×⑦X円×12ヶ月

＝14,400X円／年⑧

・営業支出設定

営業支出：営業収入の約30%と設定

＞営業支出　4,400X円⑨

・営業コスト

＞営業コスト　⑧14,400X円－⑨4,400X円＝10,000X円／年⑩

［NOI］

NOI＝8%と設定⑪

1m² あたりのテナント料の算定は

⑪ 0.08 ＝⑩ 10,000X 円÷④ 800,000,000 円　X ＝ 6,400 円／ m²・月

つまり、NOI8%の事業であるためには、商業施設のテナント料を 1m² あたり平均 6,400 円とする必要があるということである。これが、市場や想定されるテナントのニーズと合っていないと、このプロジェクトに GO サインが出ないということになる。

NOI は大変シンプルな手法であるが、企画段階で事業収支の目処を立てる時には、この NOI の指標を採用すると大きく外れることがない有用な指標である。土地購入の価格交渉や建物のグレードやボリュームや用途機能を同時並行で検討する時、また、多くの面積を借りてくれそうな複数のキーテナントとの交渉を進める時にも、マトリックスをシンプルにした方が、機動性が高く、簡単に、事業収支を練り直すことが可能である。

追加投資と減価償却

プロジェクトが実行段階に入ると、土地を手に入れ、建築の用途機能、ボリュームが決まり、グレードが設定され、キーテナントや運営会社の候補が絞られ、建築の設計が進み、行政との協議も始まる。初期コストや運営コストの確度が上がってくると、詳細な事業計画を立てることになる。それは、NOI に比べるともっと複雑で、様々な要素が組み込まれる。

〈事業計画に組み込まれる要素〉

①調達資金の種類・比率
- ファンド、銀行など：それぞれ期待する利回り・利子・返済期間が異なる
- プロジェクトファイナンス

②資産売却（EXIT）
- 売る時の残存価格（土地＋建物）を考慮

・資産利益率（Capital Gain）

③時間軸

・営業収入と営業支出は年々変化する

・経年的に発生するすべての利益（収入ー支出）を現在の価値に置き換えて考える

④追加投資

⑤キャッシュフロー

⑥減価償却

⑦法人税・法人事業税

施設の競争力を維持するには追加投資が必要である。特にホテル・商業施設など不特定多数の客を相手にする賑わい施設は、次々と強豪相手が登場し、客は新しい方に流れる傾向がある。毎年の修繕費用のほかに、5年ごと程度には大きな付加価値を獲得するために追加投資が必要になる。つまり、営業支出が大きく増える年が出てくる。

減価償却は、法人税・法人事業税との関係で考えると理解しやすい考え方である。減価償却は、プロジェクトの初期コストなど、営業のための設備投資の負担を、最初に集約して計上するのではなく、躯体や設備の耐用年数に応じた年数に分けて計上するというやり方で、定率法と定額法の2つの算定方法がある。基本的には建築が対象で、土地は除かれる。法人税・法人事業税は、1年ごとの収益が対象となり、日本では40%程度になる。利益から減価償却分を引いた金額が課税対象になる。減価償却は実際にお金が出ていくわけではないが、実態に近い形での経営状況を表す。耐用年数が終了したあとは、初期投資額の10%の価値のものが資産として残るという計算方法になる（詳しくは国税庁のホームページ https://www.nta.go.jp）。

IRR（Internal Rate of Return）

実行段階のプロジェクトの事業収支計画では、正味現在価値NPV（Net Present Value）の考え方に基づく内部収益率IRR（Internal Rate of

Retern）が用いられることが多い（図9)。簡単にその考え方のみ触れておく。

- ・正味現在価値 NPV（Net Present Value）
  - ・時間軸を入れる：経年的に発生するすべての利益を現在の価値に置き換えて考える
  - ・売却時の資産（土地＋建物）を評価する：営業利益（Income Gain）だけでなく資産利益（Capital Gain）（あるいは損失）を考える
- ・内部収益率 IRR（Internal Rate of Retern）
  - ・NPV ＝ 0 となる時の割引率＝投資家の必要利益率
  - ・建築・都市開発の事業収支計画の指標

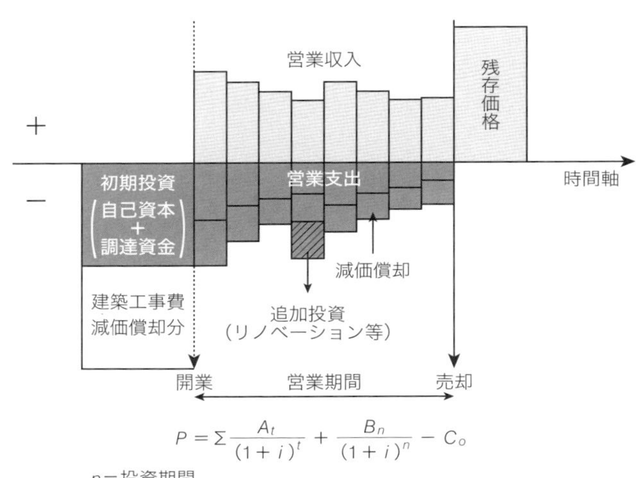

$$P = \Sigma \frac{A_t}{(1+i)^t} + \frac{B_n}{(1+i)^n} - C_o$$

n＝投資期間
A_t＝t 年目のネットキャッシュフロー
（賃貸ビル事業で言えば粗利益：営業収入－営業支出）
B_n＝n 年目の売却純収入（転売価格－譲渡税）
C_o＝初期投資額
i＝投資家の最低必要収益率
P＝正味現在価値：NPV（Net Present Value）
＝0 になる時の i が IRR

図 9　売却を考慮した事業収支計画 IRR

7-マスタースケジュールの策定

マスタースケジュールを構成する要素

スケジュールについては、企画段階では、マスタースケジュールを作成する。マスタースケジュールは、プロジェクトの開始（準備期間も含める場合が多い）から終了までを一覧できるものであり、重要な項目のみで構成され、その関係とフローが示される。必ず1ページにまとめる（表2）。

〈マスタースケジュールの目的と意義〉

①プロジェクト開始から終了までの一覧表
②プロジェクトの大きな流れを明確にする
③プロジェクトマネジャー、設計、施工、申請など主要項目の関係を示す
④スケジュールマネジメントの憲法

建築・都市開発のマスタースケジュールで、一番上の欄に出てくるのは、企画から設計、工事という大きな流れになる。プロジェクトの開始から企画段階が始まり、土地取得から、基本理念＋事業企画＋建築企画の3本柱を構築し、基本計画を完成するまでが企画段階である。基本設計、実施設計、工事発注用図書作成、発注調整、工事発注契約と続く。そして工事段階に入り、竣工、開業準備、開業となり、プロジェクトが完了する。これをベンチマークとして、主要な登場人物ごとのメインストリームを落としていく。主要登場人物は、開発事業者とプロジェクトマネジャー、建築設計者（建築、構造、設備）、インテリアデザイナー、その他必要に応じたコンサルタントやデザイナーである。

次に、主要な許認可に関する要素を入れていく。一般的には、確認申請、構造評定や防災評定、その他、ローカルの法律や制度に関することなどである。大型複合開発で様々な都市計画手法や再開発手法を採用する場合には、それらのスケジュールが先行して記入されることになる。

これらの要素のフローと相関関係をプロジェクト関係者やステークホ

表 2　マスタースケジュールの例

	2011年 1月〜10月	2011年11月〜2012年9月	2014年 3月〜6月
マスタースケジュール	事業企画・建築企画	事業計画・基本設計／運営計画・実施設計（○プラン確定）／発注調整／着工／建設（19ヶ月）	竣工／竣工 開業準備／グランドオープン
事業者・PM	Phase1-1　業務／Phase1-2　業務	Phase2-1　業務／Phase2-2　業務／レビュー／現説／入札・契約／発注調整／Phase3〜4　業務	Phase5　業務
建築／設備設計	設計事務所決定／基本計画	基本設計／概算／実施設計1／実施設計2／まとめ／調整	
インテリアデザイナー	インテリアキックオフミーティング	SD／DD1／DD2／調整／Ⓡ	
厨房設計		スペースの検証／厨房の電源・給排水容量の算定／基本設計／実施設計／調整／Ⓡ	
照明設計	第1回総合調整会議	第2回総合調整会議／基本設計／第3回総合調整会議／実施設計／調整／Ⓡ／第4回総合調整会議	
確認申請		事前協議／指導課、消防、保健所、警察／作成／提出／確認申請／■確認	
防災評定（※防災性能評定委員会、通常の建物の場合不要）		事前協議／作成／申込み／防災評定／▲▲▲／■評定書	
構造評定（60mを超える場合もしくは免震・制震構造の場合）		事前協議／作成／申込み／構造評定／▲▲／本委員会／本委員会／認定手続き（2〜3ヶ月）／■大臣認定	
ローカル法規・条例		事前協議／作成／提出／■許可	

ルダーが一目でわかるように作成されるのがマスタースケジュールである。

マスタースケジュールに大きな影響を及ぼす要因

マスタースケジュールに大きな影響を及ぼす要因として、設計期間と工事期間、そして建物の規模が挙げられる。規模が大きな建物ほど設計期間と施工期間が長くなるわけだが、ことはそう単純ではない。

〈設計期間と施工期間に影響を及ぼす主な技術的要因〉

①規模
②階数
③構造
④地下工事の有無・地盤状況
⑤難易度
⑥特殊条件

〈設計期間と施工期間に影響を及ぼす主な計画的要因〉

①用途機能
②グレード
③複合度・難易度
④特殊条件

〈設計期間と施工期間に影響を及ぼす主なマネジメント的要因〉

①開発手法
②許認可
③コスト
④プロジェクトマネジメント力・組織のバックアップ
⑤ステークホルダーの数・種類・特徴・コミットメント

設計期間は用途機能が複雑なほど、グレードが高いほど、規模が大きいほど、また、プログラムが複雑なほど期間がかかる。施工期間は、一般的に、規模、階数、構造の複雑さ、地下の掘削量、地盤に影響されるが、都市での工事では特殊な工事条件に影響を受けることが多い。工事期間に大きく影響を与える例としては、駅施設を含む複合開発では、駅機能をいっときたりとも止めるわけにはいかず、安全上の制約もあり、工事の手順や工法で通常とは異なる手法や技術を採用しなくてはいけない。筆者の担当プロジェクトで最も難易度が高かったのは「新横浜中央ビル」で、地下鉄との接続の敷き替え条件によるプランニングの工夫を行い、新幹線側と駅前広場側に足場を設置することができなかったため、外装はすべてユニット化工法でつくられた。

マネジメント的要因では、大規模開発では、開発手法の選択と、都市計画関連、環境アセスメント、近隣折衝、防災など許認可がスケジュールを左右する主たる要因となる(図 10)。そして、事業の順調な進行を時に妨害するのは、多くはコストの問題である。複数の投資家からの調達資金が予定通りにいかずに事業の組み立ての見直しを余儀なくされたり、工事費などのオーバーにより事業収支の根幹が揺らいだりすることであ

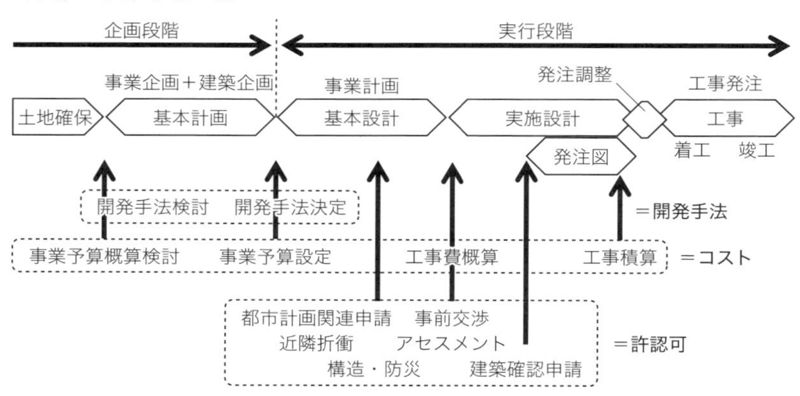

図 10　影響を及ぼす要因とマスタースケジュールの関係

る。プロジェクトの特性を分析して、資金計画に弱点があれば、投資家を説得したり入れ替えたりする時間を、工事費が通常より厳しいプロジェクトであることがわかっていれば、工事発注時に工事費調整の時間を、キーテナントの要求条件が厳しいと想定される場合は、設計を見直す時間を、マスタースケジュールに仕組んでおくことが重要である。

マスタースケジュール作成の手順

マスタースケジュール作成はプロジェクトの特徴を把握ことから始まる。最初に、類似プロジェクトのスケジュール表を複数調査する。

〈類似するポイント〉

①規模・建築構成・ロケーション
②建築用途
③開発手法・都市計画手法
④グレード・求める価値
⑤特殊条件、特に短工期で完成が求められる

それらをベースとし、または参考にして、最も標準的、常識的なマスタースケジュールのフレームを作成する。

次に、①事業とプロジェクトマネジメント、②建築設計、③都市計画・建築関連の許認可の３つの項目ごとにバーチャートで作成し、大まかな相関関係を検討し調整を行う。そして、プロジェクト特有の要素、たとえばインテリアデザインなどの項目を加えてマスタースケジュールを作成する。

さらに、プロジェクトの特性から想定されるリスクの要素をマスタースケジュールに加え修正する。そして、マスタースケジュールに最も影響を及ぼす要素を調べる。何に時間をとられるかを明らかにして相関関係とフローを詳細に調整していく。これでマスタースケジュールが完成である。最後に、マスタースケジュールを、組織と主要ステークホルダーに説明し合意を取りつけ、その情報をプロジェクトを通して共有する。

4.6　建築企画：新しい価値を生み共感を得る

1−建築企画とは

プロジェクトの３本柱の最後に登場する建築企画は、企画段階において大変重要である。基本理念と事業企画は、いわば、説明と数字で論理的に組み立てられたものであり、プロジェクトの実現までのシナリオと成功の図式を具体的に示し、組織や関係者の不安を払拭するツールである。一方、プロジェクトチームのメンバーは素晴らしいものをつくりたいと理想を描いて企画をつくり、社会や地域に対して魅力的なプロモーションを行い、プロジェクトに対する積極的な支援を取りつける。

建築企画とは、大まかにいえば下記を行うことである。

〈建築企画のサマリー〉

①建築における最初の計画行為であり、プロジェクトの社会的・経済的・文化的価値を、誰にでも理解可能でステークホルダーと合意形成ができるように、魅力的に表現すること

②事業企画に整合した規模、用途、プログラム、グレードを具体的に形に落とし込むこと

③都市や景観、空間、交通、人の動線、賑わいの連続、環境などと新しく構築する関係を具体的に表現すること

④社会の課題や街の課題の設定と解決方針を示すこと

⑤建築設計のスタートラインであり与条件となること

2−建築企画の概念の変遷

建築家主導からプロジェクト主導へ

1960 〜 70 年代のスター建築家が腕を振るい、オーナーの意向が開発に強く影響を及ぼしていた時代を経て、1980 年代頃から、建築・都市開発は不動産事業という考え方が強くなり、発注する側に責任と権限が移行していく。発注者という概念が確立し、建築計画という概念が登場す

るが、それは発注者が作成する設計与条件という考えに近かった。アメリカではprograming、ヨーロッパではbriefingの概念が登場した。それらは、要約すると、建築の規模・用途・機能から空間の性能までの要求を建築が満たしていくための設計条件を整備するという目的で組み立てられた概念であり、体系化され、ツール化されていった。狭義の意味での建築企画とも言える。

現在でも、小規模の建築、事業構造が単純な建築はこの考え方で業務が遂行されているが、バブル崩壊以降、複雑な事業構造とファイナンス、様々な社会課題や環境問題、国際化などが広がるにつれて、プロジェクトという考え方とそれを実行していく開発事業者という役割が確立されてきた。

それにつれて、programing/briefingの概念は様々な実態と合わなくなってきた。この本で解説している「プロジェクトが生みだす」建築が持つ社会的・経済的・文化的という総合的な価値の視点が欠けているからである。

建築企画に求められる要素

建築計画分野の研究の祖の1人である、京都大学の巽和夫氏は、『建築企画論』(技報堂出版、1990)の中で、建築企画の概念を建築生産システムと関連づけて捉え、建築活動の重点の推移として、施工→設計→計画→企画と解説している。その言葉通り、その後、1990年代の中頃から、建築・都市開発を取り巻く環境が激変する。

〈建築・都市開発の環境の変化〉

①大規模複合開発の増加
②ビジネス競争環境の変化
③投資、投資家の登場
④公共事業の変質・チェック機能の強化
⑤海外企業の参入
⑥ライフサイクルコストという考え方の登場

⑦環境や景観への配慮
⑧工事・調達を含めた合理性の追求

そして、プロジェクトマネジメントの概念が建築・都市開発分野に登場する。求めるべき品質を実現するために、組織とステークホルダーとのコミュニケーションを考え、コスト、スケジュール、工事・調達までを考慮した建築企画が求められるようになったのである。建築企画には以下のことが求められるようになった。

〈建築企画に求められる要素〉
①競争力のある企画
②事業に適正な配置、規模、用途、機能配分の企画
③魅力的なプランニング・空間構成・デザインの企画
④現実的で実現可能な企画
⑤建物のライフサイクルを考慮した企画
⑥プロジェクトマネジメントの領域と整合した企画
⑦合意形成が可能な企画

価値提案型の建築企画

建築・不動産開発を取り巻く環境はさらに変化する。2000年代後半に世界はアメリカ発のサブプライム住宅ローン危機とリーマンショックで、金融工学を中心においた価値観、グローバリズムと市場原理を中心とした経済活動は頓挫する。成長の時代は終わり、フローからストックの時代を迎える。そして、SNSという新しいコミュニケーション手段の浸透である。ステークホルダーはより複雑化し、開発の手法や目的は多様化する。そして、投資家・開発事業者・運営者という職能がはっきりと分化してきた。

さらに日本では1995年に阪神淡路大震災が起こり、2011年に東日本大震災が発生し、その復興すら順調に進んでいるとは言いがたい状況である。都市のインフラの脆弱さ、防災、エネルギー問題などを統合して

解決することの困難さを露呈した。新しいコミュニティの構築と社会資本の再構築も求められている。ライフサイクルコストやプロパティマネジメント、タウンマネジメント、エリアマネジメントなどの完成後のマネジメントの概念が徐々に登場するようになった。

建築企画は、こうした時代の変化と建築・都市開発に求められている課題を受けて、社会的・経済的・文化的な価値を創造していくことを目的としたプロジェクトマネジメントの概念と整合するものであることが重要である。建築企画の主体・責任者はプロジェクトマネジメントチームが置かれる開発事業者である。多くは、実績と人材を抱える設計事務所と共同で作成することになるが、プロジェクトの基本理念、事業企画と一貫した考え方に基づき作成しなければいけない。

〈これからの建築企画に求められること〉

①都市の社会課題の調査・分析と解決策の提示
②都市の風土、文脈、交通、環境、空間、景観との連携・統合・再構築
③都市の賑わい、文化、コミュニティとの連携・統合・再構築
④より魅力的で競争力のある建築企画
⑤合理的・論理的な建築企画
⑥直接・間接のステークホルダーが夢を持つ建築企画
⑦社会的価値・文化的価値を上げ、社会から評価される建築企画

建築企画はプロジェクトの命運を左右するだけではなく、地域・都市の価値に大きな影響を与える。そして、それは、何も国内にとどまる話ではない。国際競争力のある建築企画をつくり、海外に出ていく時代だ。

3−戦略的調査と要求条件の整理

プロジェクトの条件と要求のリストアップ

建築企画は、まず、プロジェクトの条件と要求の調査を行い、項目ごとに整理して、一覧を作成し、プロジェクトの輪郭を明らかにすることから始まる。

〈プロジェクトの条件と要求〉

①プロジェクトの概要

- ・プロジェクトの概要：名称、場所、敷地面積、前面道路
- ・プロジェクトの組織：開発事業者、発注者、経営者、運営者、建築設計者等
- ・建築物の概要：建物規模、主要用途、延べ面積、建築面積、主要構造、高さ、駐車場等

②プロジェクトの目的

- ・プロジェクトの目的：目的、意義、哲学
- ・プロジェクトのバックグラウンド：プロジェクトの歴史・背景、現況、協約等
- ・開発事業者：組織の規模、資本、特徴、活動
- ・マーケティングレポート

③プロジェクトマネジメント

- ・プロジェクト組織全体像図式・組織体制
- ・プロジェクトマネジメント組織
- ・ステークホルダー：リスト、特徴と活動
- ・開発手法：特区、PPP、都市計画手法、環境アセスメント等
- ・法規・基準・規制リスト：都市計画、建築基準法、条例、制度、機能用途に関わる法律制度、駐車場他関連法規
- ・事業予算・事業スケジュール条件
- ・想定される課題、リスク

④敷地、建築、性能、計画、デザインに関する条件

- ・敷地条件：敷地、道路、周辺、地盤、環境、データ、インフラ、既存建物等
- ・敷地に起因する建物制限：容積率、建ぺい率、高さ制限、壁面後退、日影、緑地率、ボリューム
- ・建築条件：規模、機能
- ・要求される性能条件
- ・要求される計画条件

・要求されるデザイン条件
・機能と空間のゾーニング条件とグルーピング条件
・設備性能条件
・維持管理条件

戦略的な街の調査・分析

続いて、建築企画を立てる時には、プロジェクトが立地する街の調査・分析を行う。街の調査は都市計画・建築学的視点、社会科学的視点、マーケティングと不動産の視点の3つから戦略的に行う。

〈都市計画・建築学的視点の調査〉

①風土

・街の骨格、地勢
・気候

②地域要因

・インフラ：交通（電車、車、バス、自転車、中間交通、船）、歩行者、駅の性格、駅からの距離
・交通は種類、利用者数、利用者の特性、頻度を調査する。敷地へのアクセス手段であるとともに、敷地と街を繋ぐ要素であり、また商圏を考える重要な要素の1つとして捉える
・駅の性格は、乗降客数、利用者の特性、交通ターミナル駅の性格を持っているか、他駅との比較などの調査を行う
・歩行者は通行量、パーソントリップの調査を行う
・街の土地利用状況と分布状況
・商業、オフィス、ホテル、住宅、文化、その他施設、駐車場・駐輪場、学校・保育園・病院・官公庁などの生活支援施設
・前面道路・アプローチ道路の性格
・車でのアプローチ性の評価
・歩行者・自転車のアプローチ性の評価
・競合施設

③都市景観・都市空間

・都市景観

・都市空間：広場、小広場、遊歩道、河川、公園、緑地

・デザイン、デザインコード、アイコン建築、建築様式、住宅様式

④環境特性

・日照、通風、騒音などの周辺環境特性

・緑、水などの自然環境特性

・植物・動物・鳥・昆虫の生態特性

〈社会科学的視点の調査〉

①文化・賑わい・観光

・賑わい：商店街、商業施設、マーケット、集客施設

・文化・観光：観光資源、歴史、祭り、イベント、名物、職人

・地域産業・伝統産業

②歴史

③敷地特性（社会科学的視点での）

・計画論に関わる敷地特性

・商品性に関わる敷地特性

・ハード面・ソフト面両方での街との繋がりのつくり方

・空間の連続性と再構築、景観の連続性と再構築

・眺望

〈マーケティング・不動産の視点の調査〉

①マーケティング（市場調査）

・計画地周辺の居住人口・所得層

・総務省統計局の「地域メッシュデータ」（国勢調査による常住人口＋事業所統計調査による就業人口 の合計が 1km メッシュごとのデータになっている）による調査

・客層（年齢、性別、国籍、志向）の特徴、客単価の特徴

②不動産関連

・土地路線価格
・テナント料
・稼働率
③競合施設

そのほか、国内外の類似開発（規模・構成・機能用途・周辺条件）の事例調査を行う。

要求条件にヒエラルキーをつける

どんなプロジェクトでもそうだが、初期段階には、あれもこれも考えられるあらゆることを盛り込みたくなる。しかし、多くのプロジェクトが、企画段階の目論見が実行段階で崩れてしまい、結果として大きな手戻りや手遅れ、本来であれば獲得できていた価値を失ってしまうことの原因は、要求条件にヒエラルキーをつけていないことが多い。かのドラッガーは『マネジメント 基本と原則』（上田惇生訳、ダイヤモンド社、2001）の中で、「あらゆることを少しずつ手がけることは最悪である。いかなる成果も上げられない。まちがった優先順位でも、ないよりはましである」と述べている。

要求事項のヒエラルキーをつけるということは、実現すべき価値やクリアするべき課題に優先順位をつけ、開発事業者と主要なステークホルダーでそれらを共有することである。初期段階は、物事の重要度が明確でないことも多く、楽観的なバイアスがかかりやすく、可能性があることは残しておくというムードに流されやすい。優先順位をつけることは意外に難しく先送りになることが多いのだが、そこは踏ん張りどころ、プロジェクトマネジャーの最初の腕の見せ所である。

〈要求事項のヒエラルキーの検討の方法〉

①プロジェクトの基本理念に照らし合わせた大中小の目的のピラミッドを作成しヒエラルキーを検討
②要求条件の列挙とそれぞれの関連性を抽出しヒエラルキーを検討

③要求を満たさない場合にプロジェクトの価値や実行に及ぼす影響が大きいものを上位に
④組織が原因のリスクの抽出と分類からヒエラルキーを検討
⑤ステークホルダーが原因のリスクの抽出と分類からヒエラルキーを検討

たとえば、延べ面積20,000m^2、4階建ての商業施設の計画で、10,000m^{2}以上の賃貸スペースの確保、200人の観客を想定したインドアのイベントスペース、500台の自走式駐車場、300m^{2}の顔になるパブリック空間が求められたとする。そのすべてを同時に面積内に収めることができなければ、要求条件に優先順位をつける必要がある。10,000m^{2}以上の賃貸スペースの確保が事業上の最低条件であれば、最上位の条件となる。駐車場を300台に減らしても全部自走式にこだわるか、あるいは自走式を全体の30%にして機械式駐車場を導入して500台を確保するかは、客の主要な交通手段と時間あたりの集中度などにより優先順位の答えが異なる。イベントの頻度が多く、運営上重要であるならば、独立したイベントスペースを要求通り確保して、顔になるパブリック空間の面積を絞ってその代わりに個性的な空間形状にしたり、屋外空間として容積対象面積外とすることが求められる。逆に、イベントの頻度がそれほど多くないのであれば、300m^{2}の顔になるパブリック空間を優先し、イベントが可能な設備をしつらえることが回答となる。

4–建築企画書を作成する

建築企画項目一覧

ここでは、開発事業者がプロジェクトのポートフォリオを作成するというスタンスで、プロジェクトの基本理念と事業企画と並んで作成される建築企画という位置づけで述べる。

〈建築企画項目〉

①通常の建築企画項目

A. 計画コンセプト
B. マスタープラン・都市の文脈との関係
C. 配置ゾーニング
D. 機能構成
E. 平面計画・断面計画
F. 動線計画
G. 空間構成
H. 空間商品計画
I. デザインコンセプト
J. 外観デザイン計画
K. データ諸元表（面積表など）
L. ビジュアルコンテンツ（レンダリング、模型、動画等）

②戦略的建築企画項目

A. 都市・地域のローカリティとの連携
B. プロジェクトの課題設定
C. 建築企画から見たプロジェクトマネジメント企画への意見と事業企画へのフィードバック
D. 公共貢献・社会貢献・環境貢献

通常の建築企画項目

通常の企画書では、表紙に続き、目を惹きつけるレンダリングや模型写真などの「L. ビジュアルコンテンツ」からスタートする。続いて、「A. 計画コンセプト」で計画の考え方を明快、簡潔にまとめる（図 11）。プロジェクトの価値を最大化するための建築計画のスタンス、施設構成や空間構成に対する基本的な考え方、合理的で事業収益力の高い計画に対する解決の方針を事例を示しながら説明する。

「B. マスタープラン・都市の文脈との関係」では、都市と街の長所と課題の分析、敷地条件の長所と課題の分析を行い、都市景観、都市空間との関係、人の動線、賑わいの連続の点から建築企画案を位置づけ、マスタープランを作成する。

「C. 配置ゾーニング」は敷地内の建築の配置の考え方と機能別のゾーニングを説明する(図12)。また、敷地内での客とサービスの交通計画を説明する。

「D. 機能構成」はビジュアルコンテンツ、平面や断面のダイアグラムを使って機能の構成と配置を立体的に説明する（図13)。「E. 平面計画・断面計画」は各階の平面の説明と主要な断面の説明である。「F. 動線計画」は建物内の人の動線をパブリックと裏方に分けて説明する。「G. 空間構成」は主要な空間の構成を平面や断面のダイアグラムを使ってわかりやすく説明する。「H. 空間商品計画」は、空間の商品性を具体的な使い方の例を示して解説する。

「I. デザインコンセプト」「J. 外観デザイン計画」では、外観、外装、内装、技術、ランドスケープなどのデザインの考え方を事例を使って説明する(図14)。また、スケッチアップなどのソフトを使った簡単な動画

図11　中国寧波複合開発におけるビジュアルコンテンツ

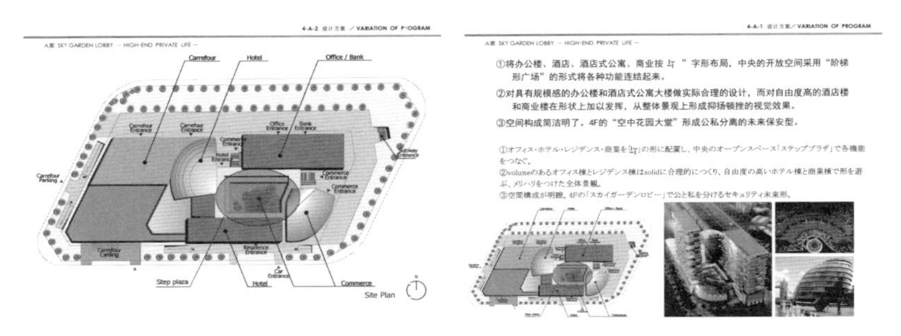

図12　中国寧波複合開発における配置ゾーニング事例(抜粋)

などでシークエンスを見せることが有効である。「K. データ諸元表」は、敷地面積、建築面積、延べ面積、高さ、構造形式などの建築概要と面積表から構成される。

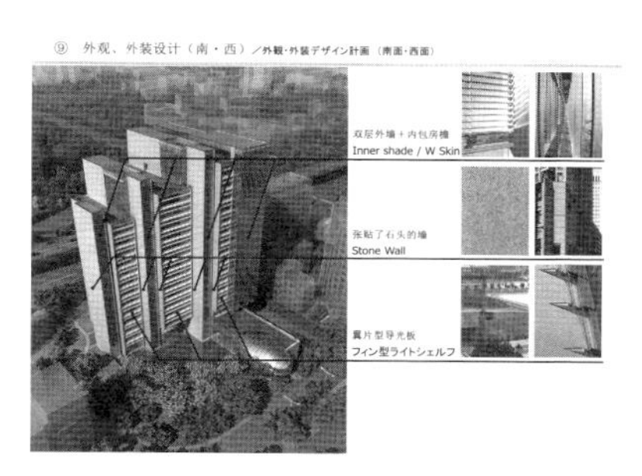

図 14　中国上海本社ビルにおける外観デザイン事例（抜粋）

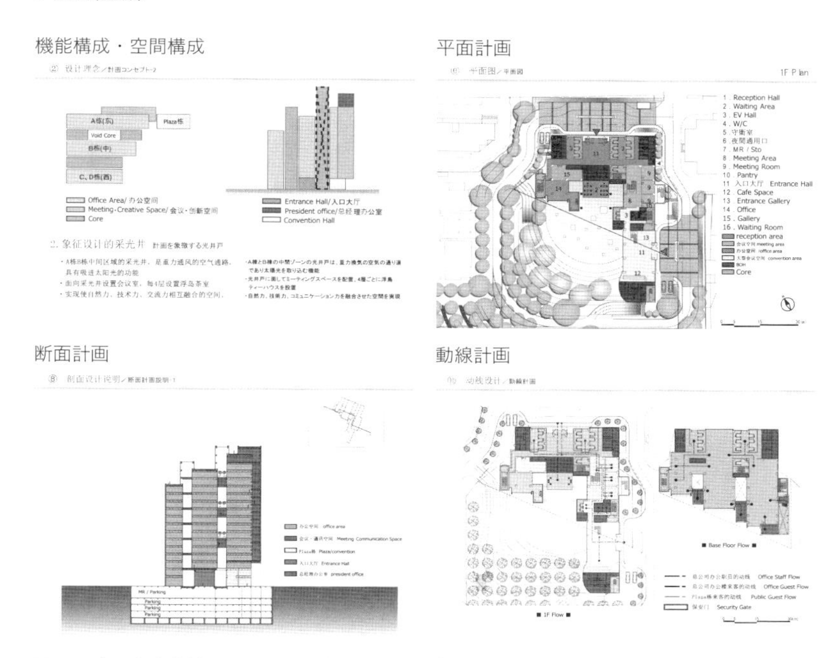

図 13　中国上海本社ビルにおける建築企画事例（抜粋）

企画を魅力的にする戦略的項目

次に、これまでの企画書の項目にはない、戦略的な項目について説明する。

まず、「A. 都市・地域のローカリティとの連携」である。たとえば、街の祭りとの関係を考えてみよう。祭りの存在意義は、もともとは豊作、疫病などに対する信仰の表現であり、伝統、歴史、風土、文化、民族といったローカリティ・土着の魅力が満載で、現在は街の最もインパクトがある重要な観光アイコンになっているところが多い。情報がインターネットなどで簡単に手に入る時代こそ、祭りのローカリティに人は魅力を感じる。観光の魅力が増し、飲食施設や他の観光施設との相乗効果が出てくる。その祭りが神輿や幟が売りものであるなら、その神輿や幟が新しく提案する建築のパブリック空間にスムーズに入ってくるような動線や空間のスケールを空間構成や動線計画に取り込むことにより、地域との連携が図れ、また、運営面で一緒になって街を盛り上げるしくみづくりを提案できると、企画案は一気に魅力を湛えることになる。

次にマーケットを例にとってみよう。マーケットは、もともとは盗んだものを無許可で売る「どろぼう市・闇市」からスタートしている。玉石混交、値札なし、アンティークやガラクタから生活用品、食料品まで、そのチープな雰囲気が魅力である。B 級の伝統、歴史、風土、文化、民族のローカリティが満載で、ルールらしいルールすらないところもある。情報がインターネットなどで簡単に手に入らない、行ってみないと何が起こるかわからないマーケットの魅力は、今後最も注目すべき重要な街の観光コンテンツになるはずだ。もちろん、飲食施設や他の観光施設との相乗効果、経済効果が見込める。

ロンドンのイーストエンドはマーケットで有名で、近所の日常客向き、地元客向き、観光客向きの様々なマーケットが混在している。一般的な週末ストリート型、廃用倉庫とビール工場を日曜マーケットにしたラフでパンクな雰囲気のものに加え、再開発の一部に取り込み毎日マーケットを開催する新種も登場している。

商業施設を企画する時に、テナントビジネス一辺倒だと、皆同じような MD 構成になってしまい、差別化が難しくなるが、このように、地域の資源や歴史的遺産や産業遺産を、再開発の空間の中に仕込むことが新しい魅力の創出に一役買うことは十分考えられる。

写真3　ロンドンのイーストエンドのマーケット

また、敷地の周辺で長期にわたって展開され醸成されてきた、デザインやデザインコードもボリュームの配置や外観デザイン、デザインコンセプトなど企画案の組み立てのきっかけになる。成熟期に入った都市におけるデザインは、都市の骨格、都市の特徴、地勢といった都市の文脈や、街の景観や空間から読み解いて、継続すべきか改変すべきか、調和を目指すか異質な個性を入れていくべきか、といった客観的な評価の上で組み立てられるべきである。

「B. プロジェクトの課題設定」については、そのプロジェクトが挑戦し、解決案を出そうとする課題は何なのかを明確にすることである。多様な社会課題、都市の課題、街や地域の課題、環境の課題、あるいは組織の課題などのどれに切り込み、どういった視点で建築をつくっていくのか。そのトーンが薄いと、結局、声の大きな人の趣味嗜好の影響を強く受けたり、数字至上主義で物事が決まってしまうことになる。

「C. 建築企画から見たプロジェクトマネジメント企画への意見と事業企画へのフィードバック」については、建築企画はもともと、プロジェクトの目的と哲学が決まり、プロジェクト組織とプロジェクトマネジメントのシナリオと戦略のフレームができあがった後でスタートを切ることになる。そして、事業企画とは同時並行で進むことになる。しかし、建築企画を進めることにより、初めて、具体的な配置、ボリューム、形態などが見えてきて、プロジェクトマネジメントのフレームに対して、様々なことに気づいてくる。建築企画からの視点で、プロジェクトマネジメントのフレームの検証を行い、それに意見を出していくことが重要である。結構根本的なことに立ち戻ることもある。

建築企画を立てることによって初めて明確化される、プロジェクトの社会的・経済的・文化的価値の設定や目的に対する部分的な改変があるだろうし、プロジェクトの組織編成への提言、プロジェクトの全体の組み立てへの提言も可能である。また、プロジェクトのフェイジング（段階的な進行）については、実際、建築企画を立てないとなかなかリアルな全貌が見えてこない。さらには、コスト・スケジュール・品質の主たる目標、事業予算とその配分、キーテナントや運営会社の選択戦略、ライフサイクルコストのポリシー、内的・外的環境要求、優先して導入すべき品質・デザイン・技術、実験的要素など様々なことにフィードバックを行うべきである。

最後に、「D. 公共貢献・社会貢献・環境貢献」の可能性についてである。ハーバード大学のマイケル・ポーター教授が企業と社会の新しい関係として「CSV（Creating Shered Value）」の概念を提唱している。企業の成長と社会の発展をつなぎ、共に成長・発展するためには何が必要か、「経済性」と「社会性」の両立は今の時代の大きなテーマであるということだ。

従来からの、「CSR（Corporate Social Responsibility ＝企業の社会的責任）」、つまり企業の利益のうちの一部を社会貢献に配分するという概念は古く、これからは、「CSV」、つまり社会問題の解決と企業の競争力向上の両立を目指すべきであるということだ。

これは、建築・都市開発にもぴったり当てはまる。結果として世に送り出された建築は、都市や地域に公共貢献・社会貢献をすることにより、都市や地域の価値を上げ、自らの価値も上げていく。建築企画は明確にそのことを意識して組み立てるべきであろう。

5章

柔軟に創造的にプロジェクトを運営する

プロジェクトの企画段階が終わると、長く険しい実行段階に入ることになる。実行段階のプロジェクトマネジメントは、企画段階で合意した、品質、仕様、デザインの方針を、より具体的な形にまとめていくこと、可能な限り当初設定したレベルを保ちながら実現していくことが最大の目的である。そのために、必要な組織を組み、段階ごとに改変を繰り返し、ステークホルダーの利害調整をしながら大中小の合意と理解を積み重ね、プロジェクトのスケジュールやコストに収まるように、ゴールに導いていかなければいけない。

プロジェクトの実行段階では、現実に直面して、想定内の課題もあれば、当初想定しなかったような課題が次々に登場する。正解は数学のように一つとは限らず、プロジェクトマネジャーは、常に、多くの可能性がある選択肢の中から、客観的に方向性を判断し、組織やステークホルダーと合意形成していく必要がある。

ここで、最も重要なことは、変更や新規の条件の受け入れに「柔軟」であることだ。企画段階で決定した枠組みを変えずに、そこから外れることや、新しいこと、経験したことがないこと、自分の価値観で判断がつかないこと、異質に感じられることにすべてNOという結論に導くことは、ある意味、楽なことだ。しかし、プロジェクトの価値創造という視点では、価値をより上げていくチャンスを放棄することであり、何より、それでは、組織やステークホルダーの理解は得られないであろう。変更に対して恐れないこと、手間を惜しまないこと、柔軟に対応することが、重要なのだ。

そして、常に「創造的」であることだ。プロジェクトマネジャーはスケジュールやコストの番人ではない。マネジメントはコントロールと異なる。常に創造性を持ち、複数の意見や選択肢を評価し、それらの中のどの意見や選択肢を選ぶかではなく、それらを統合してより創造的な次の一手を考え出す仕事である。

この章では、建築の段階としては基本設計から工事発注までを対象として、プロジェクトマネジメントの実行段階の基本的な考え方と手法を実務的な視点から述べていく。

5.1 戦略的な課題の解決

1−課題を戦略的に設定する

課題の属性と要因

企画段階のプロジェクトマネジメントが、基本的な課題に対する本質的な解決の方向性を示すことであるとすると、実行段階のプロジェクトマネジメントは、大中小様々な現実的課題を継続的に検討して、それに対する解決案を統合的に提示しながら、プロジェクトを進めていくことである。まず、課題には3つの属性がある。

〈課題の属性〉

①直面する課題
②予想する課題
③設定する課題

課題には、コスト、スケジュール、組織などのマネジメントの課題、計画、デザイン、技術などの設計の課題の2つの領域がある。直面する課題は、文字通り現実にプロジェクトを実行している時に直面する課題である。課題は単独あるいは複合して発生し、すぐに具体的な解決案を見つけ出さなければいけない。予想する課題は、このままプロジェクトを進めていくと、かなりの確率で直面し、発生時にはプロジェクトのスムーズな進行を邪魔することが予想される課題である。設定する課題とは、プロジェクトの価値を創造するために設定するいわば攻めの課題であり、クリエイティブなプロジェクトマネジメントのキーになる課題である。課題の要因とプロジェクトの関係は以下の3種類である。

〈課題の要因とプロジェクトの関係〉

①プロジェクトに内在する課題
②プロジェクトに関係する組織やステークホルダーにある課題

③プロジェクトの外にある課題

①と②の課題は、マネジメントの課題と設計の課題が、単独あるいは領域をまたいで発生する。③の課題は、経済状況の急激な変化や、国際関係の変化、予測不能な災害、法律・制度の改変など、プロジェクトマネジメントの業務内で扱えないことが多く、判断材料を揃えて組織の経営判断を仰ぐことになる。

課題の把握と分析

課題の把握から分析に至るプロセスは以下のとおりである。

〈課題の把握・分析のプロセス〉

①課題に直面する、課題を予測する、課題を設定する
②課題を整理する
③その要因がどの場所にある課題かを明確にする
・プロジェクトに内在する課題
・プロジェクトに関係する組織やステークホルダーにある課題
・プロジェクトの外にある誤題
④その要因の領域を明確にする
・マネジメント領域
・設計領域
⑤課題を全体像の中で把握する（遠くから見る、別の角度から見る）
⑥課題に重要度、緊急度により優先順位をつける
⑦課題を分類し、原因を分析する
⑧重要度・専門度に応じて、専門家・経験者をチームに加え課題を分析する
⑨分析結果を整理し評価する
⑩関係者で情報を共有する

2–解決へのプロセスと打たれ強い解決案

解決案の領域と解決までのプロセス

解決案は、課題と同様、マネジメントの領域と設計の領域を単独あるいは、横断、複合して導く。解決案に辿り着くまでのプロセスは以下のとおりである。

〈解決のプロセス〉

①解決方法の領域を想定する
- マネジメント領域
- 設計領域

②解決案を複数検討し、ブレインストーミングを行う。その複数の案は、以下の 4 つの異なるアプローチから考える
- 論理性・合理性・データ重視、つまりより客観的なアプローチ
- 創造的・経験的・直感的アプローチ、主観的要素が入るアプローチ
- 全体との関係で捉えるアプローチ
- 部分にこだわり直視するアプローチ

③複数案の客観的・数値的評価を行う

④領域に応じて専門家をチームに加え解決案を検討する

⑤基本は 1 案に絞る。腹案も持っておく

⑥トピックに応じて、必要な組織とステークホルダーとの合意形成を行う

良い解決案とは何か

良い解決案の積み重ねが、プロジェクトを良い方向に導き、かつより円滑に進めることになる。それでは良い解決案とはどのような特徴を持っているのだろうか。

良い解決案の最も基本的な要素は、論理的で合理的ということである。その案は実現可能で現実的で具体的であることが絶対条件で、成果が評価可能あるいは測定可能であることが望まれる。言うまでもなく、コスト、スケジュール、組織などのマネジメントとの整合性がきっちりとれ

ていることが求められ、また、担当者と決裁者が決まっており責任の所在が明確であることが重要である。

しかし、それだけでは十分ではない。プロジェクトのタフな局面を一気に打開したり、価値を目に見えて上げたりするには、解決案が魅力的であることが重要で、それにはクリエイティビティの要素が必要である。創造性が溢れ、多くの人が膝を打つような魅力があり、時には新しい思想やデザインや技術への挑戦であったり、革新であったりすること。こういったクリエイティビティが、プロジェクトの課題解決のみならず社会課題の解決の端緒となることだってありえる。

組織とステークホルダーとの合意形成という視点で見ると、打たれ強さ、柔軟性の高さが最重要かもしれない。合意形成の過程で、それぞれの利害関係や組織の立ち位置により様々な意見が出される。プロジェクトを円滑に進めていくには、良い意見は積極的に取り入れ、困難な見解とも妥協点を探し、本質的なところは守りつつ部分的な改変を行っていくことが肝要である。柔軟なマネジメントを行うのに、部分の変更が全体に及ばないような、あるいは枝葉をうまく切り落としやすい、打たれ強い案が強力な武器となる。

3-日本科学未来館での課題の解決

日本科学未来館は、科学技術を文化として捉え、社会に対する役割と未来の可能性について考え交流する博物館を理念として、東京都江東区

写真1　日本科学未来館。左から、外観、内観

青海に2001年7月に開業した。1998年1月、科学技術振興機構（以下、JST）主催で設計コンペが実施され、日建設計と久米設計の共同企業体が設計者として選定された。

40,000m^{2}強の大型博物館であるにもかかわらず、設計期間と工事期間が異常に短いスケジュール、予算や予算消化の制約に加え、1つの建物であるにもかかわらず3つの工区に分けてそれぞれの工区ごとにほぼ同額になる積算書を作成しなければならなかったこと、40社以上の施工会社の共同企業体であることなど、難易度特Aのプロジェクトであった。何といっても最大の課題は、設計時に具体的なプログラミングや展示内容が決定していないなかで、可能な限り自由自在に改変可能な展示研究施設をその条件下で実現することが、プロジェクトの価値でありミッションであったことである。「何でもできる科学展示のガレージを」という言葉でプロジェクトが始まったのだ。そこで、はじめて、本格的にプロジェクトマネジメントの手法をプロジェクトに持ち込んだ。JSTと我々で、設計チームとは別にプロジェクトマネジメントチームをつくり、そこをコントロールタワーとして、基本的な方針、品質とデザインの方針、課題の設定、解決案の策定、展示チームとの調整を行った。

課題設定と解決方針1　計画・デザイン・技術

建築与条件、展示内容がほとんど決まっていない上、展示内容は最先端科学技術なので常に更新されていくことを課題として設定した。解決

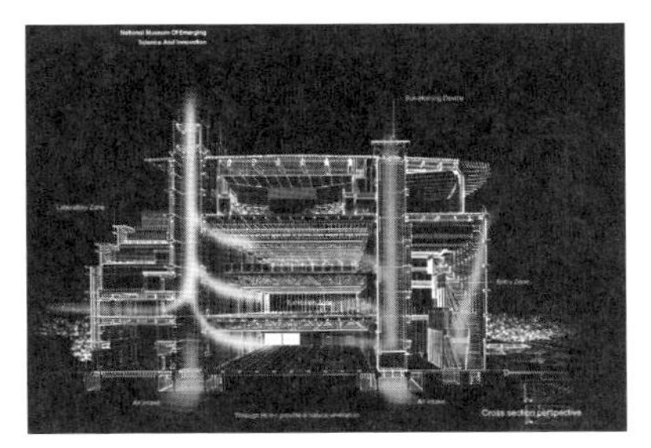

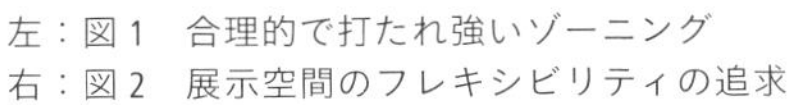

左：図1　合理的で打たれ強いゾーニング
右：図2　展示空間のフレキシビリティの追求

方針として創造性と合理性の両立をゾーニング、プランニング、構造と設備のシステムで解いていくという方針を立てた。

①ゾーニングの最適解を求めた。アプローチ空間・展示ゾーン・研究ゾーンを最も合理的であるリニアに並べた（図1）。中央に展示ゾーン、南側に研究ゾーン、北側に展示場へのアプローチ空間を配置し、それぞれの空間や品質の条件が変更になっても、ほかのゾーンには比較的影響が少ないゾーニング計画とした。

②展示空間は柱のないスーパーストラクチャーを採用し、30m スパンの無柱展示空間を実現した（図2）。

③展示の内容によっては、プレストレストコンクリート製の床を取り外して空間ボリュームを変えられる構造上のフレキシビリティを確保している。

④展示空間は日常の展示の変更に耐えられるように、交換可能なユニット式の床パネルと増殖可能な設備配管配線システムを採用。

課題設定と解決方針 2　スケジュール

通常の同規模の建物では、実績上 12 ヶ月（基本計画 4 ヶ月、基本設計 4 ヶ月、実施設計 4 ヶ月）の設計期間が標準的だが、設計期間がトータル 6 ヶ月しかなかった。さらに都市計画法に基づく都市計画審議会手続きが必要（4 ヶ月）であった。工事期間も非常に短く、さらには、液状化の恐れと杭工事が不可欠な地盤条件であることが調査の結果、判明した。

解決方針としては、

①プロジェクトマネジメントチームにスケジュールに関する権限を集約し、発注者、設計者、展示チーム、行政がお互い緊密な連携をとりプロジェクト遂行に注力する体制をとった。マスタースケジュール、実行スケジュールのほかに、課題別詳細スケジュールを作成し、スケジュールマネジメントを実行した。

②地盤改良の予算を本体から切り分けて確保し、建物の設計とは切り離して設計し、単独で別の工事業者に発注し、本体工事着工までに

地盤改良が終了するスケジュールを組んだ。杭工事についても、先行発注を行った。また、都市計画審議会手続きと基本設計を並行して行った。

③工期がかかる地下階は一切つくらない設計とした。

課題設定と解決方針3　組織

発注者であるJSTは、プロジェクトを常に前向きに捉え、より良いもの、より面白いものをつくるという強い意向があり、プロジェクトに、様々な業界の最前線で活躍するデザイナーやアーティストの参加を求めた。

解決方針としては、スケジュールや予算と摺りあわせをしながら、

①価値を上げるための様々なデザインの可能性を追求し、各分野で活躍しているデザイナーを、JSTと設計チームと相談しながらノミネートして順次決定していった。同時に各関係者と調整し、デザイン料や追加工事費の予算化を行った。

②ランドスケープ計画（George Hargreaves ／ジョージ・ハーグリーブス）、照明計画（LPA）、サイン＆グラフィック計画（廣村正彰）、アート計画（脇田愛二郎）の4つの分野でのデザイナーと協働した。

③プロジェクトマネジメントチームを中心として、設計調整会議とデザイン調整会議を設置し、様々な課題を解決していくしくみをつくった。展示設計や展示工事との調整も同様に行った。

左：写真2　ジョージ・ハーグリーブスのランドスケープデザイン
右：写真3　廣村正彰のサインデザイン

5.2 コストマネジメント

1-コストカットとコストマネジメント

コストカットとコストマネジメントは違う

実行段階のコストマネジメントは、建築・都市開発プロジェクトを、事業予算通りに完成させるために、また、「(社会的、文化的、経済的)価値の創造」が達成できるように、品質とデザインとのバランスをとりながら、創造的・効率的に進めることが求められる。

コストに強く詳しいプロジェクトマネジャーは成功を手にする可能性が大きい。もう少し踏み込むと、コストの原理原則を理解し、コストの全体像を把握し、コストの項目の関係を理解した上で、常にコストを抑え込むことを是としない、コストに振り回されない、コストのために本当の価値を見失わない、いわば、コストという怪物に負けないプロジェクトマネジャーは頼もしい。

コストカットとコストマネジメントはまったく異なる。コストカットは、コストをより安くすることを上位の目的として代替案などを検討し、時には質やデザインを諦めて目先のコストを優先させることである。それに対して、コストマネジメントは、限られた原資をどこにどう重点的に配分するかということと、より品質とデザインの良いものを獲得するために、様々な条件を検討し取捨選択を行うことである。

コストVS品質・デザインの戦い

コストマネジメントにおける対品質との関係、対デザインとの関係は、それぞれ品質マネジメントとデザインマネジメントの項で詳述するが、基本的にはトレードオフの関係になっている。同じ品質やデザインであれば当然コストの安い方を選択するし、同じコストであれば良い品質やデザインの方を選択するのは当然である。また、同じコストであれば運営収支が高い方を選択することも当然である。

問題は、品質を高めるあるいはデザインが品質の向上に寄与することが明らかだが当然コストも高くなる場合と、コストは安くなるが品質は落ちデザイン性が商品の質に影響するくらいに低下する場合の２つである。どちらの場合も、コストと品質、デザインから得られるものと失うものの質量両面で比較検討することになるが、土俵も尺度も異なるものを比べることになるので、プロジェクトの目的・価値、顧客の利益、社会の影響などと照らし合わせて選択を行う。また、スケジュールへのインパクト、チームや組織の能力に照らし合わせた実行可能性、ステークホルダーとの合意形成の難易度、リスクの頻度とインパクトといった、プロジェクトマネジメントの他領域との整合も重要な判断根拠となる。

しかし、特にデザインは、不確定要素であり、その良し悪しはかなり感覚的なものである。また、そのデザインを採用した場合の事業に与える便益はなかなか明確に数字化できるものではない。コストマネジメントの最大の難関と言えるであろう。プロジェクトマネジャーは、客観的評価のほかに、成功事例の検証、わかりやすい比較の作成、イメージ共有のための関係者による視察や実地調査、モックアップによる実証、専門家の助言、デザイナーによるプレゼンなどあの手この手を駆使して、取捨選択と合意形成を行うことによりコストと折り合いをつけながら、成果というゴールを目指すのである。

2─段階ごとのコストマネジメント項目

企画段階のコストマネジメント項目

次に、プロジェクトの段階ごとのコストマネジメント（図3）を見ていこう。

企画段階では、資金調達計画、投資計画、事業収支などの企画を立て事業の輪郭を明確にするのが主たる目的であるため、細かな項目の調整ではなく、事業企画と建築企画で、設定する成果のグレードを摺りあわせ、整合性をとることが求められる。

初期コストにおける建築費に関しては、まだ、設計は基本計画段階なので、建築のボリューム、基本的な概要、機能用途、品質グレード、デザイングレード、機能用途などを決定し、一つ一つの要素を具体的に積

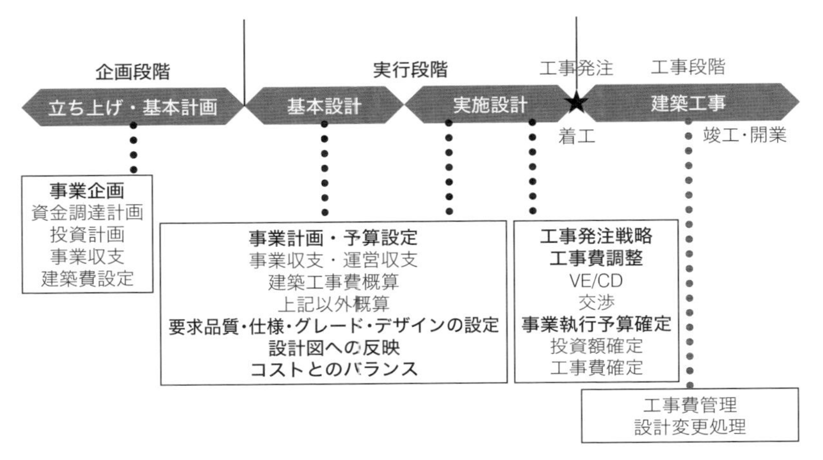

図 3　段階ごとのコストマネジメント項目

み上げていくより、過去の同レベルの工事費と市場の状況を考慮して工事費概算の大枠を算定する。工事費の数字が事業企画側の数字とうまく合っていればそれで OK となるのだが、建築企画や基本計画段階は理想を求めすぎていることがあるので、多くの場合は初期段階に大きな調整、時には大手術が必要である。その調整の結果を基本計画に反映させる。この作業を怠ると、矛盾を抱えたまま理想と現実が並行して走ることになり、実行段階での大きな手戻りに繋がる。

実行段階のコストマネジメント項目

実行段階では、いかに初期コストを抑えるかということがポイントとなる。土地のコストはすでに決まっているので、土地代以外の最大の初期コストである建築工事費を抑えることと言い替えられる。

実行段階に入ると、設計は基本設計、実施設計へと進む。事業計画も、投資計画、事業収支、運営収支などの精度が上がり、建物のグレードと工事費そして事業収支に大きく影響するアンカーテナントやキーテナントあるいは運営委託会社が見えてくる。つまり、コストに関する情報が出揃う。この段階のコストマネジメントは、「工事費概算の調整」と「設計調整」の２つである。

工事費概算の調整は、事業計画から算定される適正建築工事費と、要求された品質・性能・グレードとデザインを反映した基本設計図書からある程度数量と単価を積み上げて作成された概算工事費との調整である。事業計画では、企画段階から実行段階への移行時に、新しい要素が入ったり、変更になったりもする。たとえば、企画段階でファスト・ファッション店舗だった予定が、実行段階でブランド店舗の入居に変更されると、テナント料が上がり運営収支が上がる。一方で、要求される仕様やデザインのレベルが上がり、建築工事費も上がる。また資金調達では、公的資金とファンドの調達先の割合が、実行段階において後者の方の比重が高くなる方向で変更になると、やはり事業収支の計画を変更することになり、建築工事費を数％抑える必要が出てくる。基本設計による工事費概算も、基本計画の段階より、様々な協議が行われ、ステークホルダーの要求も吸収して進めるため、高くなる方向で推移することが多い。事業計画から精度高く割り出される数字を、基本設計による工事費概算と照らし合わせて、事業に適正な工事費概算を決定することが１つめのコストマネジメント業務である。もちろん、合意事項などの基本設計側からの要求で、事業計画の数字を変更することもある。

それを、設計にフィードバックしていく必要がある。これが、２つめのコストマネジメントの設計調整である。適正な工事費概算に合わせるために、どの項目の性能、仕様、グレード、デザインを変更していくかということである。プロジェクトマネジャーとプロジェクトチームと、設計を担当する建築家・設計事務所とが中心になって、必要であれば、専門家や第三者的なコンサルタントを加え、調整を行って、その結果を次の実施設計に反映していく。

実施設計の段階も、この繰り返しになる。アンカーテナントやキーテナントや運営委託会社はこの段階では一部仮契約の段階に進んでいることも多く、事業計画は、そういった紆余曲折を経て、ほぼ最終的な枠組みになる。実施設計とは、要求される性能・仕様やデザインを深化させる作業である。細かな項目の性能・仕様やデザインについて、プロジェクトマネジャーとプロジェクトチームと、設計を担当する建築家・設計事務所とが中心になって、場合によっては、専門家やコンサルタントを加え、様々なバランスをとり、実施設計と発注図書をまとめていく。

実行段階の最終段階の実施設計の後半では、3つのコストマネジメント業務がある。まずは「工事発注戦略」を練ることである。競争原理の導入と入札方式の選定、対象施工会社の選定、見積要項書の作成、工事区分の作成を行う。次に実施設計における工事費調整としての「VE（Value Engineering、バリューエンジニアリング）」と「CD（Cost Down、コストダウン）」の検討と、選定された施工業者との工事費の交渉、そして、「工事費の確定」と「事業執行予算の確定」である。

本書のプロジェクトマネジメントの内容は、工事契約までを対象としているが、工事段階では、「工事費の管理」と「設計変更の処理」の2つのコストマネジメント業務がある。特に、設計変更処理は重要なコストマネジメント業務で、新しいデザインの導入やステークホルダーの要求により変更を重ねていくと、最後に施工者から大きな請求書が届くことになる。工事期間が長期にわたる場合は、中間に数度変更処理をまとめて工事費の変動を検証・調整する必要がある。このことは、また、別の機会に述べよう。

3–コストマネジメントの2つのベンチマーク

基本設計概算書の作成

基本設計終了時にプロジェクトチームが監修し設計事務所が作成する「基本設計概算書」は、工事費の最も重要なベンチマークとなるアウトプットである（表1、2）。合意された品質とデザインを設計図に反映して作成された基本設計図書を元に、ある程度の精度で数量を拾い、単価を掛けて、工事種別ごとに工事費を積み上げて作成する。工事種別の大項目は、共通仮設、建築工事、電気設備工事、空調設備工事、衛生設備工事、昇降機設備工事、外構工事、諸経費となる。中項目としては、たとえば建築工事では、直接仮設工事、土工事、杭工事、躯体工事、外装工事、内装工事である。

表 1　基本設計概算書〈総括表〉の例

日時

A 複合施設基本設計　　概算書

建築概要

所在地	＊＊＊		
階数	14　P 1		
用途	オフィス、ホテル、商業	構造種別	RC 造
敷地面積	17,278.0m² (5,226.6 坪)	地業	場所打ちコンクリート杭
建築面積	11,229.0m² (3,396.8 坪)		
A-1 ゾーン延床面積	50,235.0m² (15,196.1 坪)		
A-2 ゾーン延床面積	1,058.0m² (320.0 坪)		
合計延床面積	51,293.0m² (15,516.1 坪)		

	名　称			単価（円／m²）	金額（円）	備　考
1.	A-1 ゾーン					
A	共通仮設		1 式	7,758	389,705,000	2.7%
B	建築工事		1 式	173,516	8,716,594,000	60.3%
C	電気設備工事		1 式	25,022	1,257,000,000	8.7%
D	空調設備工事		1 式	28,207	1,417,000,000	9.8%
E	衛生設備工事		1 式	16,562	832,000,000	5.8%
F	昇降機設備工事		1 式	6,613	332,196,000	2.3%
G	外構工事		1 式	8,667	435,391,000	3.0%
H	諸経費	8%	1 式	21,308	1,070,414,000	7.4%
	工事価格			287,654	14,450,300,000	100.0%

表 2　基本設計概算書〈建築工事内訳〉の例

	名　称	仕　様	数　量	単位	単価（円／m²）	金額（円）	備　考
	A-1 ゾーン						50,235m²
B	建築工事						15,196坪
1	直接仮設工事		1	式	6,470	324,999,000	3.5%
2	土工事		1	式	2,138	107,408,000	1.2%
3	杭工事		1	式	13,085	657,347,000	7.1%
4	躯体工事		1	式	61,103	3,069,510,000	33.1%
5	外装工事		1	式	33,313	1,673,456,000	18.1%
6	内装工事		1	式	68,483	3,440,253,000	37.1%
	小計				184,592	9,272,973,000	100.0%
	再小計（目標）	0.94				8,716,594,620	

基本設計段階では、プロジェクトチームも、ステークホルダーも、もちろん設計事務所も、現実と向きあいつつもまだ理想を追いかけながら品質とデザインの目標を立てて仕様や性能を設計していくので、積み上がってきた基本設計概算書は、事業予算との乖離があることがほとんどである。その乖離を、基本設計時に埋めておかないと、実施設計では、さらに大きな乖離を生むことになり、大変な手戻りに繋がるリスクとなる。品質・デザインとコストのバランスを考えながら調整してその乖離を埋めていくのが、コストマネジメントの大きなポイントとなる。

コストマネジメントは大から小へ

基本設計概算書におけるコストマネジメントには様々な方法があるが、一般的には、まずは、大きなフレームの適正化から始まる。それぞれの大工事種別の比率が、たとえば地盤条件や設備の特殊条件などのプロジェクトの特殊性を考慮しつつ、類似事例などと比較して適正であるかを検証することである。たとえば、同規模・同グレードの他物件と比べて、建築工事費の比率が大きければ、他の設備系の設計図に書かれた性能・仕様に比べて、どこかが過剰性能になっていたり、お金がかかりすぎるデザインになっている可能性が高い。その検証の結果を受けて適正化を図り、工事種別ごとに設計価格から何%下げるかを決めて目標価格を設定する。

次に中項目の検証にかかる。大項目と同様に、たとえば建築工事費の中で、内装への要求グレードなどのプロジェクトの特殊性を考慮しつつ、最も適正な類似事例と比較してどこが適正でないのかを検証することである。特殊な条件がそれほど顕著ではないのに外装工事の比率が高ければ、どこかに無理のある、あるいは過剰な外装デザインが施されているのかもしれない。その検証の結果を受けて適正化を図り、中項目の工事種別ごとに目標価格を設定する。

中項目の目標価格を決定すると、次は、1つ1つの変更を検討すべき性能、仕様、デザインの項目を一覧表にして洗い出し、プロジェクトの獲得すべき価値と費用対効果を考えながら、優先順位をつけて取捨選択を行っていく。それらの結論を関係者で合意して、設計図の修正の指示書とする。

コストとはどこまでも単価×数量

コストとは、当然のことながら、単価×数量で決まる。つまり、全体のコストに大きな影響を与えるのは、数量の多い部位と単価の高い部位である。基本設計概算の検証の時にも、その後のコストマネジメントでも、常に監視すべきは、まずは、当然ながら数量が多く単価が高い部位であるが、単価がそれほどではなくても数量が多い部位と、数量は少なくても単価が高い部位が要注意となる。たとえば、300戸あるマンションで、1室辺りユニットバスが20万円高くなると、工事費は掛ける300戸で6,000万円のアップになってしまう。逆に、数量が少ない部位、あるいは単価の安い部位をいくら議論しても全体への影響は大きくない。短い時間で効率良くコストを軌道修正していく作業からは外しても大きな支障がない。

室別コストマネジメント

実施設計の段階に進むと、設計は詳細を詰める業務に進み、建築や設備も全体の設計から部分の設計、フレームやストラクチャーからディテールに入ってくる。さらに、インテリアや商環境、照明やランドスケープといったデザイン性の高い設計業務も進む。それらの設計は、基本的には、室あるいは室群ごとあるいは空間単位に設計がまとめられる。その段階でも、オフィスや住宅のように室の種類が少なく共用部分が少なく、特殊な内装や仕様はテナントや購入者が負担することがほとんどの建築タイプでは、工事種別によるコストマネジメントが馴染む。しかし、ホテル、商業施設、文化施設などの様々な室がそれぞれ異なる商品性と異なる空間、仕様、デザインが求められるタイプの建物は、室別のコストマネジメントが有効になってくる。

たとえばホテルは、客室、レストラン・ラウンジ・バー、宴会場、スパなど用途機能から空間、商品性の異なる室の組合せである。客室の中

表 3　ホテルの室別コストマネジメント表の例①

		単価参考基準 グレードベンチマーク	1室 m^2	合計 m^2	室数 席数	目標 室単 価	建築 内装	設備	合計 工事 費	FFE	合計 FFE 込	m^2 単価	室単 価
客室	標準客室	ADR20,000 円、稼働率 88% 競合 C ホテル、グレード B	50	15,000	200								
	クラブ客室	ADR25,000 円、稼働率 82% 競合 D ホテル、グレード A	50	2,000	40								
	スイート	ADR50,000 円、稼働率 70% 競合 D ホテル、グレード A	100	1,000	10								
	客室合計			18,000	250								
	クラブラウンジ	朝食、カクテル、チェックインアウト 競合 D ホテル、グレード A	200	200	1								
	客室部門合計			18,200									
レストラン	日本料理	客単価 昼 4,000 円 夜 12,000 円 競合レストラン E、グレード A	350	350	80								
	中国料理	客単価 昼 2,000 円 夜 8,000 円 競合テナント、グレード B	300	300	100								
	オールディ・ダイニング	客単価 朝 1,500 円 昼 2,000 円 夜 6,000 円 競合 C ホテル、グレード C	500	500	150								
	ラウンジ・バー	客単価 1,500 円 競合カフェ F、グレード B	150	150	50								
	レストラン部門合計		1,300	1,300	380								
宴会場	大宴会場	競合 D ホテル、グレード A	600	600	1								
	中宴会場	競合 C ホテル、グレード B	200	400	2								
	小宴会場	競合 C ホテル、グレード C	100	400	4								
	宴会部門合計			1,400									
フィットネス&スパ	パブリック	テナント G 想定、 テナント料											
	バック	グレード B											
	ジム	工事区分、貸方基準											
	インドアプール												
	男女ロッカー・シャワーエリア												
	トリートメントルーム												
	フィットネス&スパ合計			1,500									
その他	ビジネスセンター	会議室 1 室、グレーベ B	40	40	1								
	店舗	物販テナント H、I、J	20	60	3								
	その他合計			100									
パブリック	客室階 EV ホール・廊下		150	3,000	20								
	トイレ		200	200									
	クローク		30	30									
	宴会パブリック		770	770									
	パブリック全般		1,000	1,000									
	パブリック合計			5,000									
バック	サービスステーション		20	400	20								
	クラブラウンジ パントリー		20	20									
	日本料理 厨房		150	150									
	中華料理 厨房		150	150									
	オールディ・ダイニング 厨房		150	150									
	ラウンジ・バー パントリー		40	40									
	メインキッチン他		700	700									
	オフィス		700	700									
	倉庫		600	600									
	従業員施設・食堂・トイレ		720	720									
	諸室		150	150									
	荷捌		50	50									
	リネン・ランドリー室		150	150									
	コントロールルーム		20	20									
	機械室・電気室・DS・EPS・PS		2,000	2,000									
	バック合計			6,000									
総合計				33,500									

表3　室別コストマネジメント表の例②〈その他 FFE 工事〉

	単価参考基準	合計室数／m²	目標単価	単価	金額（千円）
客室表示モバイル設備	客室1室単価	250室			
ホテルカードキーシステム配線工事	客室1室単価	250室			
ホテルカードキー発券機工事	客室1室単価	250室			
電話設備	客室1室単価	250室			
料飲 BGM 設備	直営レストラン1席単価	380席			
電子筆耕設備	宴会場 m² 単価	1,400 m²			
カプセルベッド工事	1台単価	30台			
ストレッチャーガード工事	バック計 m² 単価	6,000.0 m²			
ITV 設備	m² 単価	33,500.0 m²			
非常呼出設備	m² 単価	33,500.0 m²			
コンピューター等情報通信配管配線設備	m² 単価	33,500.0 m²			
消火器	m² 単価	33,500.0 m²			
サイン	パブリック含む営業延 m² 単価	27,500.0 m²			
合計					

でも、標準客室からクラブ（エグゼクティブ）客室、スイート客室まで、客単価が異なり、グレードが異なる室の構成となる。飲食施設にしても、直営とテナントでは考え方が異なり、レストランやバーの種類によっても、客単価、運営、営業形態、空間、デザインなどまちまちである。

建築工事のうち、基礎工事、杭工事、躯体工事、外装工事、電気工事では強電に関する工事、設備工事では基幹設備と防災設備は工事種別によるコストマネジメントが馴染むが、内装工事、照明設備、弱電設備工事、室ごとの性能・仕様に関係する設備工事などは、室別コストマネジメント表を作成して、調整を行うことが有効である。また、ホテルは、家具・什器・備品（FFE）のコスト総額とグレードやデザインによるコストのブレ幅が大きいため、通常、FFE を含めた室別コストマネジメントを行う。

左ページに掲載したのが室別コストマネジメント表の例である（表3）。室ごとにグレードと客単価を決定し、類似事例や競合事例を検証して、市場状況やプロジェクトの特殊性を加味して、目標金額を決める。それをベンチマークにしてコストマネジメントを実行する。

4–工事発注という正念場を乗り越える

工事発注の時期と内容

土地を除くと、建築工事費が初期コストの最も大きな要素であり、最もブレやすく、その結果、最もプロジェクトの事業性に大きな影響を与える。工事発注は、コストマネジメントの正念場でもある。建築工事費は、昨今特に価格上昇が激しく異常な状況ではあるが、もとより景気(マーケット)に左右されるところが大きく、また、企業同士の取引関係やステークホルダーやキーテナントとの取引関係から競争原理が充分働かないことも多い。つまり、運に左右される部分もあるが、その条件の中でいかにベストを尽くすかがプロジェクトマネジメントチームの腕の見せどころである。工事発注方式については詳述しないが、いくつかポイントのみ述べたい。

まず、工事発注の時期であるが、多くのプロジェクトでは、実施設計が終了し工事発注仕様書などの契約図書を整備して工事発注を行うのが一般的である。プロジェクトの特性によっては、基本設計終了時に発注仕様書を作成し、工事発注を行う場合もあり、最近は、大規模開発でもこの方式を採用する事例も散見される。その場合は、基本的には、実施設計以降は施工会社による設計施工で行うことになり、設計事務所は監修の役割を担う。性能発注的な要素が強いプロジェクト、交通インフラとの複合など仮設条件や工事条件が特殊なプロジェクト、施工難易度が高いプロジェクト、スケジュールがタイトなプロジェクトはこういった発注方式が検討されることが多い。施工技術とノウハウ、あるいは実績がプロジェクトのコストやスケジュールばかりでなく品質にも大きな影響を与えるからである。この場合は、施工会社に実施設計以降のコストとスケジュールのコントロールとリスクの担保をある程度委ねることになるが、施工会社任せにするのではなく、品質とデザインのマネジメントをプロジェクトチームで行わなければいけない。コストやスケジュールのコントロールを委ねても、品質とデザインとのトレードオフの関係で決まるコストマネジメントとスケジュールマネジメントはプロジェクトチームが行う。

工事発注の戦略を練る

実施設計終了後に実施する工事発注方式にも様々な方式があり、その戦略が重要となってくる。最初に述べたように、施工会社と開発会社間の取引の関係や資本の関係、プロジェクトの道筋をつける時に施工会社が近隣との難易度の高い事前折衝を行ったり、そのほか何らかの寄与をするケース、あるいは、キーテナントの強い推薦など、競争原理がうまく働かないプロジェクトもあるが、一般的には、そのプロジェクトの状況と特性に合わせて競争原理を可能な限り導入して、工事発注を行うべきである。

まず、工事発注方式のうち、発注の形態とプロジェクトマネジメント上のメリット・デメリットについて簡単に述べる。発注形態には大きくは以下の３つがある。トータルな工事費の削減だけではなく、プロジェクトの特性や、発注者側やプロジェクトマネジャーとプロジェクトチームの経験や力量に照らし合わせて検討する。

〈発注形態とプロジェクトマネジメントの関係〉

①ゼネラルコントラクター（施工会社）一括発注

1社あるいは1つの協同企業体に、建築工事、設備工事などを一括して発注する形態。契約が１本なので、一般的に一番やりやすい方法。下請けの会社、設備施工会社、メーカーは最終的には、ゼネラルコントラクターが選定することになり、その面での自由度は制限される。また、下請けの会社、設備施工会社、メーカーとプロジェクトチームがゼネラルコントラクターのいない席で品質やデザインを決定したり価格の交渉をすることはなく、ゼネラルコントラクターと彼ら間の契約金額は開示されないので、プロジェクトの品質に関わる部分がかなりゼネラルコントラクターの技術力やさじ加減に左右される。

②コストオン方式

設備施工会社などを別途選定し、開示した管理経費を上乗せして、ゼネラルコントラクターに一括発注する方式。一般的に、設備工事費がゼネラルコントラクターを通さずに開示されるので、設備工事の比率が高いプロジェクトでは、コスト効果があると考えられる。

①と③の中間的な考え方である。発注者側に工事間を調整するコンストラクションマネジメントの職能が必要となってくる。

③分離発注

建築、躯体、内装、設備、昇降機などを別々に発注する方式。それぞれの部位で競争力を働かせたりコストを精査することが可能で、それぞれに最も望ましい施工会社を選定することができ、総合的にはコスト削減が図れる。しかし、発注者側のプロジェクトマネジャーに高い能力が要求され、①や②に比べ手間もかかる。また、工事段階では、各契約別の工事間を調整するコンストラクションマネジメントが重要となる。つまり、発注者側にかなり経験豊富で高度な知識を持ったプロフェッショナル人材が必要ということである。

施工会社の選定方式は以下の4つを簡単に紹介する。どの方法がベストかは、プロジェクトの特性を考えて検討する。入札方式がいつもベストとは限らない。

〈施工者選定方式〉

①特命発注

特命の施工会社1社より見積書を聴取し、精査や交渉により価格を決定する。基本的には、契約工事金額は高くなることが多い。継続関係、資本系列関係、プロジェクトの企画・設計段階での約定や貢献などにより、施工者が決まっている場合が多いが、特殊な技術や実績を持ち、あるいは、プロジェクトの立地周辺や行政に影響力を持ち、他社では困難という場合にも選択される。プロジェクトチームのコストに対する精査の力量が必要。さらには、施工会社との交渉力が問われる。

②相見積もり方式

複数の施工会社より見積もりを聴取し、精査や交渉などにより決定していく方式。各施工会社と業務に対するスタンスや技術力に関してのコミュニケーションをとり比較検討しながら進められるので、プロジェクトチームに様々な要件を理解しバランスを見ながら判断する力量があれば良い方法の一つと言える。会社というより、誰が担当するかによってプロジェクトの完成度が左右されるので、現場を担当する責任者とのヒアリングが可能な方式である。

③入札方式

行政が発注する場合は基本的にこの方式。民間が発注者の場合も一般的。応札価格にて施工会社を決定する。一般的には競争原理が働き、契約工事費が最も安くなる可能性が高い。金額で決定するので、候補施工会社を選定する時に技術力や実績を評価することになり、応札した施工会社の工事に関するスタンスや技術力は同じという前提となる。逆に言うと、戦力上安い見積もりを作成する会社が有利で、候補の中で、最も技術力や実績が劣る会社に決まることもある。

④プロポーザル方式

入札方式に近く、競争の原理を働かせることもでき、かつ、自由な提案を受けることができるため、工期短縮など価格以外での評価により施工者選定を行える比較的新しい方式。フレキシブルかつ戦略的に使えるため、大規模複合プロジェクトで採用が増えると考えられる。

プロポーザル方式で最近増える傾向にあるのは「VE 提案つき」入札である。施工会社それぞれが独自に蓄積している技術やノウハウあるいは調達ルートを活かして、入札の時に、品質を変えることなく工事費を下げる新しい工法などのアイデアを様々に提案する。競争原理が働きやすくかつ談合がしにくいことと、施工会社独自の技術力が提示されることにより、工期の短縮やコストの削減が実現できる可能性がある。

VE（Value Engineering）と CD（Cost Down）

施工会社の提示した建築工事金額と事業予算から配分した建築工事費との乖離がある場合、実施設計の内容を変更して、建築工事金額を事業予算に合うように調整を行う必要がある。工事契約の前に、VE（Value

Engineering）とCD（Cost Down）の手法で、品質、仕様、性能、デザインを調整して、コストを下げ、事業予算に合わせる。

VEは、同等の価値を持つ品質、仕様、性能、デザインでの代替え案でコストを抑えるやり方である。品質、仕様、性能、デザインの質は同じだが、様々なノウハウでコストを下げる。

〈VEの手法例〉

①流通ルートの工夫
②規格品の利用
③大量購入など調達の工夫
④デザインの工夫
⑤工法の工夫
⑥労務費・人件費を抑える手法の導入

建築工事費は、材料費＋労務費（人件費）＋物流コストで決まる。材料を規格品や市場流通品に置き換えたり、同等の性能でより安価なものを探すことで材料費を抑える。労務費に関しては、現場での組み立て工程を減らす工法を選択したり、外装や設備をユニット化したりすることで削減可能である。意外に知られていないのが物流コストである。調達ルートの工夫や別ルートの検証、大量購入や物流コストを抑えるためのサイズの変更など、様々なVE案が検討される。

一方CDは、品質、仕様、性能を落として、あるいはデザインを変更してコストを下げることである。

〈CDの手法例〉

①商品価値に寄与していない部分のコストダウン
②基本理念と関係が浅い部分のコストダウン
③過剰な性能、仕様、デザイン要素の見直し
④調達が困難な材料等の見直し

CD案の検討は、基本的には、行き過ぎたところ、我慢できるところを探し出し、コストを落とすことを検討する。工事費は数量×単価なので、コストダウン効果が大きい、単価が高い部位と数量が多い部位に狙いを定めることがコツである。

episode 4 **君の設計は物流コストを考えていない**

筆者が設計を担当したある物件で、コストがうまく合わず、VEとCDをすることになった。様々なVE案とCD案を検討し、施工会社と協議をしたが、乖離が大きくなかなか溝が埋まらない。その時、施工会社の現場所長から、「君の設計は物流コストを考えていない」と言われた。「それはどういう意味ですか？」と聞き返したところ、「この建物の外装はほとんどがプレコンパネルで構成されているが、君の設計した外装のプレコンは、一つのサイズが大きすぎて1台のトラックに1枚しか積めない。幅か高さを少し調整するだけで、1台のトラックに何枚も積めるようになる。そうすると物流コストが下がる。トラック1台を1日調達するコストを調べてみろ」と。勉強になった。だから現場は面白いのだ。

5.3 スケジュールマネジメント

1–3種類のスケジュールを使い分ける

1章－9で述べた通り、スケジュールマネジメントは3種類のスケジュールを作成する。

〈3種類のスケジュール〉

①マスタースケジュール（長期）
②実行スケジュール：段階ごとの詳細スケジュール（中期）
③課題解決スケジュール（短期）

「マスタースケジュール」は、4章－5で述べたように、企画段階でプ

表4　基本設計段階の実行スケジュールの例

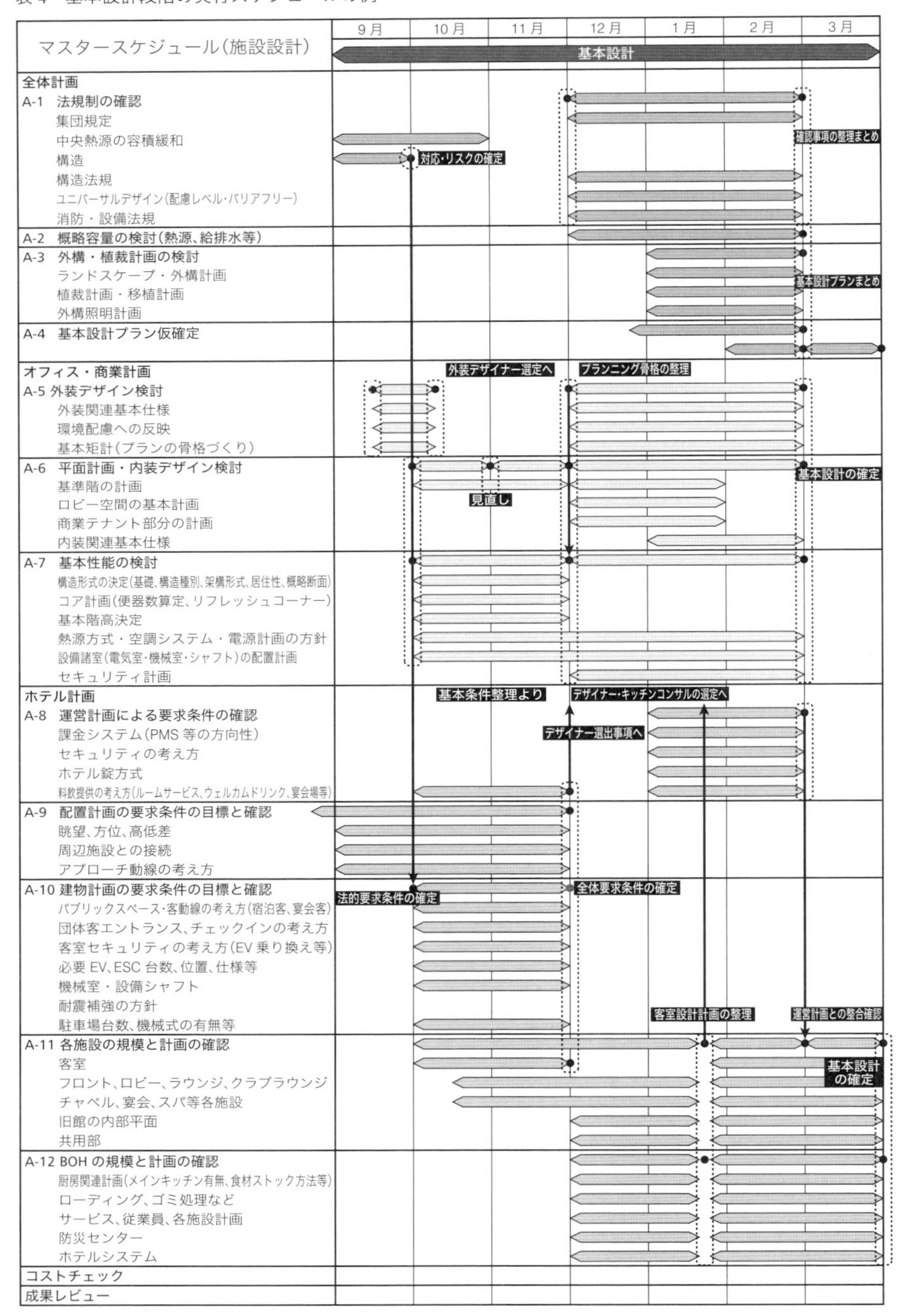

ロジェクトマネジャーが作成し、プロジェクトのスケジュールマネジメントの憲法のような位置づけである（4章表2参照）。プロジェクトの開始から完成までの大きな流れと、プロジェクトマネジメント、設計、申請といった主要項目の関係が一覧でわかるようになっている。

「実行スケジュール」は、基本設計、実施設計、工事発注準備の段階ごとの詳細スケジュールである（表4）。プロジェクトマネジャーが設計事務所の協力を得て作成する。基本設計段階では、事業計画、建築基本設計（建築、構造、電気、機械、衛生）、概算調整、行政調整、デザイン基本計画、デザイン調整の各項目の流れと関係を示す。実施設計段階では、事業計画、建築実施設計（建築、構造、電気、機械、衛生）、概算調整、行政交渉と申請、デザイン基本設計、デザイン調整と実施設計への統合を示す。工事発注準備段階では、工事発注準備、実施設計概算調整、コントラクトドキュメント作成、申請、デザイン調整の各項目とそれぞれの関係を示す。

「課題解決スケジュール」は、主に設計と設計関連のテーマ、場所や部位、要件、検討課題と解決方法、課題別の検討主体、結論をいつまでに出すなどのスケジュールを概ね1ヶ月ごとに一覧表にまとめたものである（表5）。設計事務所の協力を得てプロジェクトマネジャーが作成する。

表5　課題解決スケジュール一覧表の例

番号	記載日	テーマ	部位	要件	検討課題	検討内容・解決策	検討主体				スケジュール		
							PM	設計	D	他	対応開始日	完了予定日	完了日
125	140510	商環境	商業1階	キーテナント要望	店舗区画の変更	店舗区画	○	◎			140510	140610	140620
						商環境デザイン		○	◎				
						防火区画		◎					
						テナント条件	◎	○	◎				
						申請への影響	○	◎					
126	140511	基準階コア計画	オフィス基準階	設計検討	電気容量追加による ESP 変更	コアプラン		◎			140601	140625	140630
						設備展開		◎					
						有効天井高		◎					
						テナント条件	◎						
						コストアップ	○	◎		○			
127	140515	外装デザイン	オフィス外装CW	設計検討省エネ検討	ガラス種類見直し	省エネルギー	○	◎	○		140601	140730	140730
						CW 割付		○	◎				
						コスト	○	◎					
						空調		◎					

表6　デザインコーディネーションスケジュールの例

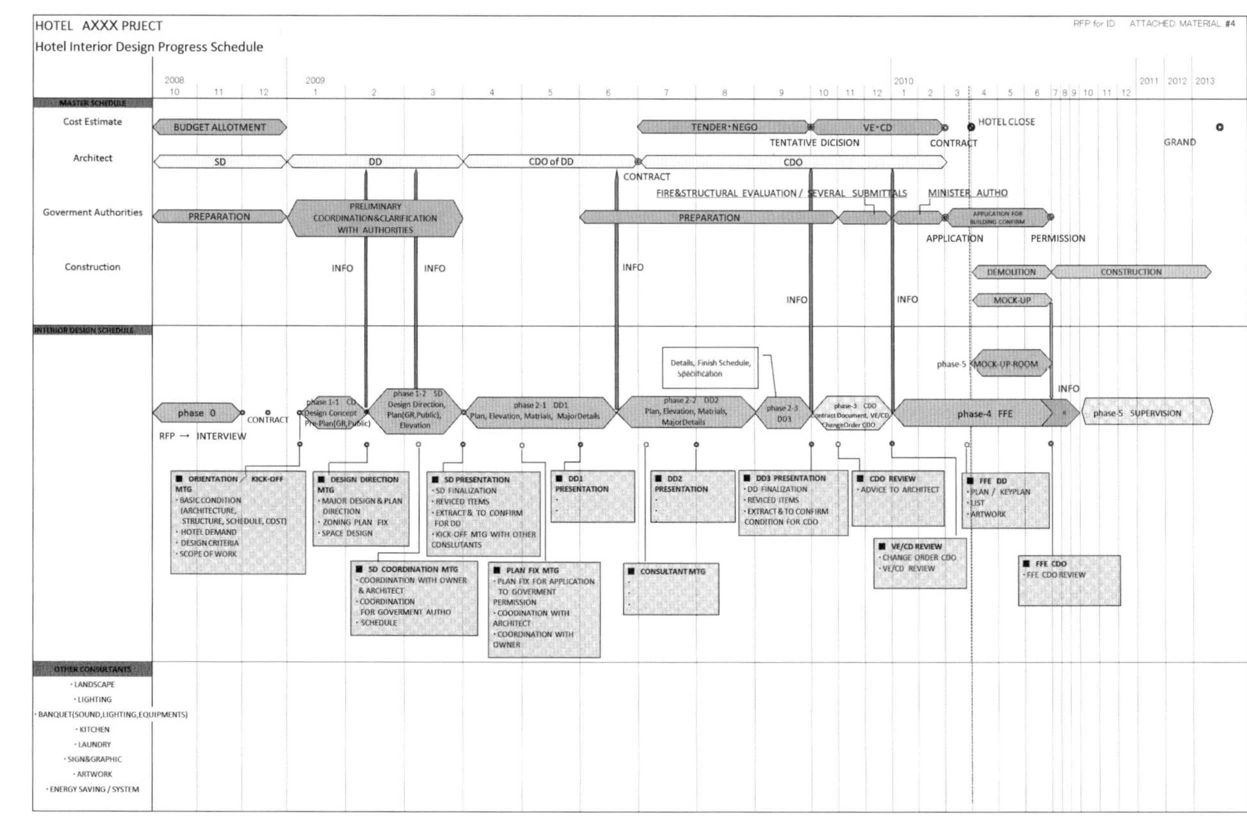

日常的なスケジュールマネジメントのツールとなる。

2−デザインコーディネーションスケジュール

「5.6　デザインマネジメント」で詳述するが、大規模複合開発プロジェクトでは、建築設計者以外に、デザインアーキテクトを登用することがある。また、あるグレード以上のホテル開発プロジェクトと商業開発プロジェクトでは、インテリアデザイナーあるいは商環境デザイナーをほとんどのプロジェクトで建築設計者とは別に起用する。その場合、デザインアーキテクトやデザイナーが外国人の場合も多く、日常的に顔を付き合わせて打ち合せをして、建築設計や法規、構造、設備との摺りあわせ、コストやスケジュールとの調整を行うわけにはいかない。そこで、「デザインコーディネーションスケジュール」を作成して、それに基づき、スケジュールマネジメントを実行する。

デザインコーディネーションスケジュールは、プロジェクトマネジメント、建築設計、申請、工事発注と施工開始のスケジュールと、デザイナーの作業工程の各段階のスケジュールを同じ時間軸の上で表示する。その上で、デザイナーへのオリエンテーションとキックオフミーティング、彼らの各段階でのプレゼンテーション、関係者一同が参加するコーディネーションミーティングの予定と協議すべき議題をプロットする。前ページにホテルプロジェクトにおける例を示す（表6）。

5.4　リスクマネジメント

1−リスクの領域による分類

はじめに領域ごとにリスクの原因を具体的に示す。基本的には、プロジェクトに少なからず何らかのマイナス方向の変更を余儀なくさせる要因が「リスク」である。

まず、組織については、プロジェクトの最大のリスクになることがある。組織のリスクには、「組織構成の変更に起因するリスク」と「支援変更に起因するリスク」がある。長期にわたるプロジェクトでは、大きな経済環境の変化に直撃されると、事業パートナーの変更、特定目的会社（SPC）構成員の変更といった、開発組織構成やプロジェクト体制が変更になるリスクが起こる。また、経営陣の交代による意思決定の変化や組織支援の打ち切りなどのリスクがある。規模やグレードや施設構成といった基本的な組み立てが変更になる場合も多く、大きな手戻りになったり、時には、プロジェクトが延期や中止に追い込まれることもある。開発組織の実績や実力に比べ、開発規模が大きい、難易度が高いなどコスト面以外のフィジビリティスタディ（実現可能性調査）が十分でないケースもある。

プロジェクトチームについては、必要な経験・スキルを持つ人材が組織内外に確保できないという調達の問題、プロジェクトマネジャーやチームメンバーのスキルや経験不足が、事業パートナーやステークホルダーあるいは顧客との信頼関係を維持できないというリスクを発生させる。

次にコストとスケジュールのリスクである。コストには、「資金調達」と「プロジェクト運営」上のコストの２つのリスクがある。資金調達では、必要資金の一部または全額が確保できない、あるいは、投資家の変更による利回りの条件が変更になり、事業収支そのものが見直しになることである。プロジェクト運営上のコストについては、品質目標の変更による設計変更やデザインの追加や変更によるコストアップと事業予算オーバーである。スケジュールのリスクは、様々な変更や手戻りが原因の「スケジュールの遅延」である。

また、成果品については、要求した品質やデザインのレベルを満たしていない、事業予算のオーバー、成果品完成後の変更を要求されるなどのリスクが考えられる。

市場との関係では、プロジェクトの事業性に大きな影響を及ぼす、オフィスや商業のキーテナントの変更や、ホテルの運営会社の変更に起因するリスク、完成時期や事業計画で想定していた価格面が、強力な競合施設の登場などで市場のニーズに合わないというリスクは起こりえる。

外的要因のリスクとしては、景気の変動のほかに、行政による指導、法律や制度の変更、規制の強化、技術や調達の変更などである。究極の外的要因は災害やテロなどの不可抗力である。

2–リスクマネジメントのプロセス

リスクマネジメントのプロセスは以下のとおりである。

〈リスクマネジメントのプロセス〉

①リスクの洗い出し
②リスクの発生確率とその影響を分析
③リスクの重要度を判断
④対応策が必要な重大リスクを決定
⑤リスク対策一覧表と合意
⑥リスクへの4つの対応方針

リスクの洗い出しは、プロジェクトの特性と類似プロジェクトの過去の事例検証から、リスク項目を想定・推定を行う。過去の事例は、失敗例ばかりでなく、成功例から学ぶことも多い。次に、リスクに繋がりやすいコストアップ要因、スケジュール遅延要因、組織やコミュニケーション要因からリスクを想定するのが比較的重要なリスクを網羅して拾える方法である。スケジュールについては、厳しい部分を構成している項目や作業の依存関係に注目する。組織やコミュニケーションについては、プロジェクトチームの能力や経験とプロジェクトの特性との関係、大きな影響力を持つステークホルダーや常に保守的な判断をする組織との合意形成に注目する。

リスクの発生確率とその影響の分析では、リスクが発生した場合の影響の大きさと発生確率をある程度定量化し、一覧表にして、そのリスクがスケジュールやコスト、品質に与える影響を考察する。発生確率の数字と影響の数字を掛け合わせて、重要度や深刻度を算出し、リスクの重要度の判断を行う。

対応策が必要な重大リスクの選定では、「リスクの限界値」を定め、発生確率×影響が大きいリスクから順に対応策を検討する。最終的にはプロジェクトマネジャーが責任を持つことになるが、検討は、リスクの領域に合わせて、計画、設計、技術、デザインなどを担当する組織が行う。個々のリスクの検討において、責任者と担当者を明確にしておく必要がある。どのリスクにエネルギーと時間をかけて対応策を講じるかを判断することが重要となる。

「リスク対策一覧表」は、想定リスク、影響を受ける領域、リスクの重要度の評価、方針、複数の検討内容と解決策、担当主体、検討から解決までのスケジュールを一覧表にしたもので、関係するステークホルダーの承認をとる。また、リスクは定期的に見直し、その都度、一覧表を追加修正していく（表7）。

リスクへの対応方針は、1章-10で述べたように、「放置」「受容」「軽減」「削除」「転換」「中止」の6種類ある。

表7　リスク対策一覧表の例

番号	リスクの分類	影響を受ける領域	リスクの内容	リスク評価			方針	検討内容・解決案	検討主体				スケジュール		
				発生確率A	影響B	重要度A×B			PM	設計	D	他	対応開始日	完了予定日	完了日
215	許認可	スケジュール	計画が開発許可に抵触の可能性	2	9	18	削除	・開発許可申請に抵触しないよう地盤レヴェル計画調整 ・行政との事前折衝	◎	◎			140301	140430	140430
216	組織	コミュニケーション	PMチームメンバーに海外デザイナーとの協同経験が不足している	3	3	9	軽減	チームに経験者を実施設計の期間に限定して外部組織から参加させる	◎			○	140120	140330	140420
217	品質	コスト	手摺に使用する強化ガラスの破損の可能性	1	8	8	軽減	合わせガラスにする案と飛散防止フィルムを貼る案の両方をコストを含めて検討	◎	◎			140401	140430	140430
218	デザイン	品質・デザイン	インテリアデザイナーから浴室に本物の木を使いたいという提案があったが、耐久性の検討が必要	2	2	4	受容	・実績を調査 ・耐久性、メンテナンス性を検討 ・デザイナーにはオプション提案を依頼	○	◎	◎		140401	040620	140630
				2	4	8	軽減								

〈リスクへの対応方針〉

①「放置」

影響が小さなリスクで、たとえ起こっても放っておく。

②「受容」

手を打たずに静観することで、発生確率×影響が小さな数値になるリスクが対象で、事前のリスクの除去や軽減に対策を打つよりは、発生時に対応する方が手間が少なくて済む場合に適する。

③「軽減」

発生確率は高いが発生時の影響が小さい、あるいは発生時の影響はある程度大きいが発生確率が低いリスクが対象で、発生確率または発生時の影響を小さくするような手を打つか、リスクを分解して分散させ、プロジェクト全体へのダメージを軽減するような対策を事前に施す。

④「削除」

発生確率×影響が大きな数値になるリスクで、事前に対策を施し、このリスクを発生させる要因になる部位をプロジェクトから削除する。

⑤「転換」

発生した時の影響がとんでもなく大きなリスクで、原因が不可抗力あるいは予測不能な類が多く、保険をかけるなど、外部にリスクの一部を請け負わせる方法である。

⑥「中止」

発生確率が高く影響が大きいリスクを避けるため、プロジェクトを中止する。

最後に、プロジェクト完了時に、リスク対策一覧表を整理し、評価を行い、次のプロジェクトの財産にすることをお勧めする。

5.5 品質マネジメント

1─品質は数値化できる

品質の構成要素の数値化

品質とデザインを分けて考える必要があるという根拠の一つに、品質はマネジメントにおける構成要素がほとんどの場合、数値化あるいは比較指数を明らかにできるということである。その構成要素とは、「仕様・性能・スペック」「単価あるいはコストの指標」「効果あるいは商品性」の3つである。

マンションの品質について考えてみよう。ただし立地条件等は除く。販売価格や賃貸価格に影響を与える品質は、面積、天井高さ、窓の大きさ、眺望、耐震性、セキュリティ、遮音性能、バスルームの大きさと質、サービス機能、空調機の数、防水性能などである。遮音性能を例にとってみると、隣の部屋との空気音の遮音性能等級はD－65、D－60などの音源との差で測る。それに対応して認定をとった乾式の壁が幾種類もあり、その単価は公表されている。当然、その遮音性能はマンションのグレードに直結し、顧客は他のマンションと比較検討が簡単にできるので、販売価格に影響する。

次に、商業施設のテナントスペースについて考えてみる。これも立地条件を除く。テナント価格に影響を与える品質は、面積、天井高さ、階数、出入口からの距離、エスカレーターからの距離、電気容量、設備条件、サービス用エレベーターの仕様、ローディングの仕様などである。設備条件を例にとってみよう。MD（マーチャンダイジング）計画に沿ってテナント構成を想定していく際、厄介なのは、飲食施設の厨房である。厨房は床の積載荷重条件が一般の物販店舗や飲食施設の客席部分と異なり3倍程度の積載荷重を見込んで設計しなくてはいけない。また、厨房排気やグリストラップの位置設定と床躯体の開口と補強などの悩ましい問題がある。どんなテナントがどこに入っても良いような設定が理想的に思えるが、それは多大なコストがかかり、最終的には壮大な無駄をつくることになる。そこで、テナントの自由度を決定的に削いでしまうことなく可能な限り特殊な条件のスペースを限定し、ミニマム投資マキシマム効果を図っていくのである。

プロジェクトマネジメントにおいて、品質の選択の判断の基準となるのが、「品質計画書」である（表8）。多くの場合、過去の事例や類似プロジェクトあるいは競合施設の仕様・性能を調査分析し、それらをベンチマークとしてベースを作成する。そこから、プロジェクト特有の要素を加味して、品質計画書を完成させる。しかし、この判断は難易度が高い場合が多く、品質計画書に記載されていないことが次々起こる。経験、センス、知識、時には専門家の参画などを統合して判断していくことに

表8　品質計画書の例〈イベント対応計画・音響品質計画〉

	部位	空間特性・機能特性	計画概要	目標品質諸元	課題
1	アトリウム	・通過空間と同時に立体的に配置された広場に囲まれた対流空間 ・5層分吹抜けの開放的な空間 ・多目的なイベント対応 ・自然光、自然換気 ・断熱対策	（日常時の音響計画） ・天井面を中心に吸音面を多く確保して残響時間を抑える ・電気音響機器については、アトリウムの各主要部分に小型スピーカーを分散配置し、全体への反響を抑える （イベント時の音響計画） ・音楽等専門イベント対応は、スピーカーを固定せず、仮設対応とする	・イベント時最大200人収容 ・平均吸音率0.30～0.35 ・平均有効天井高さ12m ・カフェ30席とパントリー20m² ・幅4m、高さ3m以上の搬入口	・イベントプランの検討 ・街の祭りの検討
2	多目的交流室	・講演会、ピアノ発表会、簡易な演劇、ダンス練習などを想定するため、平土間の矩形プランとする ・自然光、機械換気	・床躯体スラブ厚さを250mm確保して、防振浮床構造と併用することにより下階への遮音性能を確保 ・床はフローリング、壁は部分的な吸音処理と拡散形状の壁面を併用 ・フラッターエコーなどの障害軽減対策 ・吸音面と反射面のバランス	・講演会時200人収容 ・平均吸音率0.25程度 ・室内空調騒音NC-30 ・平均有効天井高さ4.5m	・避難計画 ・バリアフリー対応
3	スタジオ	・電気音響系と生音楽系を想定 ・自然光なし、機械換気 ・練習用の用途	・電気音響系は大きな発生音を前提 ・床躯体スラブ厚さを250mm確保して、防振浮床構造と併用することにより下階への遮音性能を確保 ・生音楽系は反射面と吸音面を適宜配分	・電気音響対応3室、合計6室 ・平均面積120m²、天井高3m ・電気音響対応平均吸音率0.30 ・生音楽対応平均吸音率0.25 ・室内空調騒音NC－30	・動線計画

なるが、プロジェクトマネジメントの醍醐味でもある。

品質が劣化する要因

品質には劣化しない品質と、経年劣化する品質がある。経年劣化する品質は、徐々に劣化して機能効率が落ちていくものと、劣化が目に見えずある時突然機能不全になるものがある。

〈品質の劣化の種別〉

①劣化しない品質：面積、高さ、もともとの性能

②経年劣化する品質 1（徐々に劣化）：人が頻度高く歩く部分、経年劣化する部材や仕上げ材、設備全般
　経年劣化する品質 2（突然劣化）：動く部分、壊れやすい部分、眺望

経年劣化する品質の原因には、内在的な原因と外在的な原因がある。

内在的な原因は、シーリングや設備機器など、気象条件などに多少は影響されるものの、どのような条件下においても製品の本質として徐々に劣化するものである。これらは、法定上の保証期間と寿命があり、また、減価償却の期間も製品群ごとに定められていて、更新をしていくことを前提に設計を考えなくてはいけない。

外在的なものは、使用頻度による劣化と、まったくの外部要因がある。使用頻度による劣化は、カーペットのように耐久性よりも吸音や風合いやデザインを重視して使用されるものに顕著である。ホテルなどでは、5 年から 10 年でカーペットを張り替えることを前提に計画を行うが、より使用頻度が高く 5 年で更新する必要があるところに、多くのコストをかけ立派なものを設置しないことが重要な選択となる。動く部分や壊れやすい部分も、より寿命が長くなる工夫や、更新を考慮した設計を行わねばならない。

外部要因による劣化は、目の前に新たな高層ビルが建つことによる眺望の劣化や、より性能の高い競合施設の登場などが考えられる。面積や高さなどの劣化しない品質も、市場、顧客の価値観、競合相手の状況に

より比較としての商品性が劣化することがある。

2–レビューによる予防と実験による検証

レビューによる予防

建築・都市開発では、想定したより早い品質の劣化が商品性を損なわせ、予定外の支出に繋がることがあるばかりではなく、たとえば、近年頻繁に起こっているような、耐震性能の欠如、設備スリーブのミス、コンクリートの中性化による鉄筋の性能低下、耐火性能の欠如といった、建築の根本に関わる問題で、裁判になったり、保証金を払ったり、リコールになるケースが散見される。その確率を限りなくゼロに近づけることが品質マネジメントの重要な目的の一つとなる。品質マネジメントには３つのチェックポイントがある

〈品質マネジメントのチェックポイント〉

①予防
②実験
③検査

実験は手間もコストもかかるため部位が限られ、検査はその結果品質が満たされていないと、より多くのコストをかけて是正しなければいけないため、設計図段階でのレビューによる予防が一番重要となる。レビューは基本計画、基本設計、実施設計、発表図書と各段階の設計図書に対して品質計画書に照らし合わせて行う。そして、次の段階に進む前に、修正の要望をまとめ関係者で合意する。基本計画ではプランニングや断面計画、動線計画、空間構成などのレビューを行い、基本設計、実施設計と進むにつれて、レビューはディテールや使用する材料の性能に及んでいく。

筆者が在籍していた日建設計では、品質のレビューに対して２つのことを行っている。１つめは、過去のあらゆるタイプの事故の情報をストックし原因を調査分析し対策を設計図書にフィードバックしていること

である。たとえば、強化ガラスが割れたケースを分析し、強化ガラスの割れる確率を考慮し、手摺やバスルームのシャワーブースに使用する時のルールとマニュアルを作成している。それは、電気室を地下外壁から離して設置するという基本設計時のプランニングに関わることから、雨樋のオーバーフローの取り方のような実施設計時のディテールに至るまでストックされている。

もう1つは、経験のあるベテランがレビューアーになることである。百戦錬磨の現場経験が豊富なベテラン設計者や技術者が、特に、実施設計終了段階で行うレビューは、品質に関してあらゆる角度から行われる。必ず反映すべき事項と設計担当者の裁量に委ねられることの両方があるが、レビュー結果の情報を取り入れて図面を修正し、発注図書、契約図書としてまとめる。

統計的サンプリングとモックアップによる実証実験

品質マネジメントのもう1つの検証方法が実証実験による方法である。実験による方法は以下の2つがある。

〈実証実験の方法〉

①統計的サンプリングによる実証実験
②モックアップによる実証実験

統計的サンプリングとは、母集団が多い場合、そのうちのいくつかを抜き出して実験を行い、全体の品質マネジメントに適合させていく方法である。マンションやホテルの遮音性能は、たとえば100室あると、コストやスケジュールを考えると100室すべてを測定するわけにはいかないので、数室をサンプリングして実証実験を行い、その結果がすべて要求する品質を満たしていれば、全体を合格とするやり方である。この場合のサンプリングのポイントは、最も多いタイプの部屋と、最も条件的に不利なタイプの部屋数室をサンプリングすることである。

モックアップによる実証実験は以下の箇所で行う。

１つめは、投資額が大きく性能発揮において重要な部位である。外装カーテンウォールの実大実験などが代表例である。デザインの検討と合意形成を目的とした目視のほか、品質要求を満たしているかどうかを調べる漏水実験などを行う。

２つめは、数が多く性能発揮において重要な部位である。たとえばマンションやホテルで使用するユニットバスが特注品の場合（多くの高級ホテルが特注品となる）、工場で１台組み立ててみて、目視、客利用のシミュレーション、バスタブや洗面カウンターの高さ、漏水実験、水圧実験、湯が溜まるのに要する時間、排水実験、シャワー切り替え弁のハンマー音、メンテナンスなど様々な実験を行い検証する。

5.6 デザインマネジメント

1–プロジェクトの価値を高めるデザインマネジメント

実行段階にあるデザインマネジメントの本質

プロジェクトの企画段階は、ゴールがずいぶん先であり、様々な要素が不確定であるため、現実と理想が混在している段階と言える。ほとんどのステークホルダーが理想を語り、机上の計画であるために数字を少し動かすことで、簡単に事業性を向上させることも可能だ。したがって、企画段階では、建築、外装、ランドスケープ、インテリアなどのデザインの要素をプロジェクトに取り込んでいくことがそれほど困難ではない。

しかし、実行段階に移り、投資構造と投資金額が決まり、実施設計が進み、オフィスや商業のキーテナントが決まってくる、ホテルであれば運営会社が決定するという局面を経て、事業計画がほぼ確定されると、新しいデザインの要素を次々とプロジェクトに加えていくことのハードルが徐々に上がてくる。コストやスケジュールにマイナス側の影響を与え、あるいは、ステークホルダーとの合意事項に抵触するからである。手間がすごくかかるのだ。

しかし、プロジェクトをより価値の高い成果に導くためには、実行段階こそが、価値を生む新しいデザイン要素を、マネジメントの基本的な領域やステークホルダーと粘り強く調整し折り合いをつけながら、プロジェクトに加算していくことが重要である。これが、実行段階のデザインマネジメントの本質である。コストやスケジュールを錦の御旗にして不確定要素を可能な限り排除してプロジェクトを進めていくやり方は、最も楽で効率的なマネジメントの方法に見えるが、短期的には組織の利益上の目的は達することになっても、競争力のない、魅力に乏しい、成果になってしまうであろう。

新しい発想を生み、調整するしくみをデザインする

デザインマネジメントについて整理しよう。

まず、プロジェクトにおけるデザインの位置づけは、デザインという不確定要素こそがプロジェクトの大きな価値を生むということだ。プロジェクトマネジメントにおいて、共通化されたものを活用し、科学的な論拠を基本に、不確定要素を可能な限り排除して、効率的にプロジェクトを進めることが重要であることを否定するものではない。ただ、それだけでは、新しい付加価値や価値向上の可能性は削がれてしまう。デザインという不確定要素を、いかに積極的に、戦略的に持ち込むかが勝負となる。

次に、良いデザインを手に入れる方法については、プロジェクトの特性によって差はあるものの、プロジェクトに相応しい専門家を参画させることが第一である。特定の建築家やデザイナーのネームバリューや才能任せにするのではなく、プロジェクトの固有の価値を創造するのに最も適性が高い建築家やデザイナーの参画を検討する。外装デザイナー、ファサードエンジニア、インテリアデザイナー、商環境デザイナー、ランドスケープデザイナー、照明デザイナーなどの中から必要な職能のプロフェッショナルを複数選択し、プロポーザルやインタビューを通して、最もプロジェクトの目的や哲学に合ったパートナーを選定していくのである。名前に頼るとほとんどの場合失敗する。デザイン力だけではなく、長く同じ釜の飯を食べながら成果をつくっていく大切なパートナーを選ぶというスタンスが大事だ。また、彼らとの契約、デザイン料や経費の管理も重要なマネジメント業務となる。

最後に、デザインマネジメントのポイントは、プロジェクトに参画する建築家、デザイナー、コンサルタントからのデザイン提案の調整である。可能な限り正確にプロジェクトの目的や哲学、そして、ヒエラルキーを付けた要求条件を提示し、よくコミュニケーションをとり、考え方や思いを議論し共有する努力を惜しんではいけない。そして、段階ごとに彼らから提案される様々なデザインを、うまくプロジェクトに活かしていって、プロジェクトの総合的な価値を高めていくことである。

2–プロジェクトに優先的に取り入れるべきデザイン

基本理念との整合

デザインマネジメントとは、様々なデザインの創意・提案を、コストやスケジュールあるいはリスクと調整しながら取捨選択をしてプロジェクトに加えていくことであると規定した。それでは、その取捨選択の基準となるのは何であろうか。

まずは、プロジェクトの基本理念との整合が最も重要である。

近年東京で完成した2つの鉄道駅の対照的なデザインを例に挙げて説明する。

「東京駅」は、容積を丸の内と八重洲のオフィス開発に移転することにより資金を調達し、大正時代の創建当時の姿に復元することを最優先課題とし、丸の内駅舎を2012年10月1日に復活させた。「駅から街へ」

写真4　生まれ変わった東京駅。左から外観、ドーム空間

をコンセプトとした駅は、魅力的な複数の都市空間を内包し、その外観とインテリアデザインは、オリジナルを復元するために、材料やディテールに細心の注意が払われた。

東京駅の中にある「東京ステーションホテル」は、やはり大正時代の欧風ホテルのインテリアの風情を醸しだすために、日本のデザイナーではなく、その分野のデザインに実績のあるイギリスのリッチモンド・インターナショナル社に基本デザインを依頼した。

東急電鉄田園都市線の「たまプラーザ駅」の開発は、線路で南北が分断され、南側が住居系用途地域に限定されていて北側の商業系地域と異なり低利用や暫定利用の土地利用が続いていたという、たまプラーザの長年の地域課題と、地元商圏の中心居住層である30代が利用できる商業施設が必要という市場のニーズから、新しい駅と商業施設の複合開発が実施された。街の全方位に対して開かれた建物配置として街の分断を解決し、駅ホームや交通広場、バスターミナル、駐車場などの交通結節機能を人工地盤の下に埋め込み、雨に濡れずに駅、バスターミナル、交通広場、駐車場がつながる利便性を創造した。容積を余らすことによって実現した、自然に恵まれた豊かな田園都市の環境を感じさせる低層の商業施設群は「ライフスタイル・コミュニティ・センター」のコンセプトのもと、様々なライフスタイルの実現を支援し、コミュニティが育まれる広場を配置し、連続する外部空間と内部空間を歩いて楽しめる構成となっている。材料やディテールにコストをかけるのではなく、空間の

写真5　たまプラーザ駅と広場（提供：東急電鉄）

連続性やプランニングにエネルギーが注がれている、解決提案レベルの大変高い複合開発である。デザインアーキテクトとして、豊洲の「ららぽーと」でもその手腕を発揮し、この手の商業施設のデザインでは大人気のジョン・ロウ氏を起用していることも見逃せない。

基本理念との整合は、デザインのどこにコストとエネルギーをかけるかということであるが、それは同時に、何を諦めるかということでもある。多くの開発は、思いきった配分をためらい平均的な合格点を目指してしまうが、中途半端で輪郭のはっきりしない代物が多い。この２つの事例は、デザインの軸がブレずに明快な解決案になっているため、都市の中で、社会的に大変重要な存在となっている。前者の、ドーム型屋根を備えた赤れんがの重厚な建築物とその空間は、東京を代表する都市景観となり、新名所になっている。後者は、東急電鉄が目指す、「人が活躍する街」「多世代･多様な人々が暮らし続けられる街」への扉を大きく開くことになった。

市場原理がデザインに及ぼす影響

次は、デザインと経済原理・市場原理の関係である。

残念ながら、プロジェクトの理念に合致していても、どんなに優れたプランニングや美しいデザインであっても、コストや技術的な問題で、事業性を決定的に損なうものは絵に描いた餅ということになる。市場に受け入れられないリスクが高いものも同様である。さらに、不動産が金融商品の一つとして投資の対象となることが一般的になった現在では、デザインに、商品の競争力に加担し、不動産の価格に寄与するような、わかりやすい付加価値が求められる。経済性、市場性がデザインの取捨選択に大きく関わってくるということだ。

建物の寿命について考えてみると、かつては構造や設備の耐久性で決まっていたが、現在では、市場原理の寿命の方が先に来る。筆者らが建築学科の学生であった頃は、機能が形態を支配するという考え方が強かった。ホールとしてあるべき形態、学校に最も適した形態に設計することを教わった。しかし、現代では、社会構造や経済状況の変化のスピードが早く、学校や刑務所がホテルや文化拠点になったり、工場が商業施設やアートの拠点になったり、倉庫が商業施設や高級な住宅にコンバート（改修）されたりする。用途機能の変更に耐えられる建築の方がよりサスティナブルで価値があるといえる時代なのかもしれない。また、商業施設とホテルは、新しい競合施設が次々登場すると、どうしても、5年単位でのデザイン改修をしていかなければならない。そうすると、長い期間改修しない部位と短期スパンで改修を行う部位のデザインには、コストのかけ方を含めて異なる論理で組み立てる必要があるし、改修することを前提としたディテールや、改修のしやすさそのものがデザインの重要なポイントになってくる。

3−コスト・スケジュールとの戦い

デザインとコストの戦い

コストとデザインは基本的にはトレードオフの関係にあると述べたが、この場合のコストは一義的には初期コストを指すが、最終的にはテナント条件や運営収支を含めた事業コスト全体を指す。しかし、実行段階において、新しいデザインを加えたり、よりグレードアップをする方向に変更すると、初期コストに与えるインパクトはほぼ正確な数字が出るが、事業コストについては、ある程度の精度のあくまでも予測値ということになる。たとえば、商業施設のキーテナントを元々の事業計画はファストファッションの業態で設定していたが、ブランド店舗との契約に変更になったとする。ただし、そのブランド店舗側から出店条件が出てきて、建築のファサードの材料をグレードアップすることになったとする。そのコストアップ分が初期コストで、ブランド店舗のテナント料のアップ分は精度が高く予測可能な運営収入、その店舗が入ることによる集客効果があればそれも運営収入を上方修正させる要素となる。また、外装ガラスの清掃頻度を上げるという条件などがテナント入居条件として付いてきた場合、運営支出に影響することになる。それらを統合して事業収支を検討して、デザインの採否に結論を出していかなくてはいけない。この場合、運営収支が上がるということは、商品価値が上がるということイコールではないが、商品価値が上がることに対する数字的根拠の唯一最大の要素、あるいはステークホルダーの同意を取りつける有効な武器と考えるとわかりやすいであろう。

今述べたことを簡単に言うと、デザインによって生みだされる、初期コストの±と商品価値のバランスを考え、デザインにGOサインを出すということである。その原則は以下のとおりである。

〈GOサインを出す初期コストと商品価値のバランス〉

①初期コストが変わらない、あるいは初期コストアップが全体の中で吸収可能で商品価値がアップするかアップする方に働くと考えられる場合
→ GO

②初期コストがアップするが、商品価値もアップする
→ GOの方向で、VE案やCD案を検討し、初期コストを可能な限り予算内に収めるよう努力する

③初期コストが吸収できないくらいアップするが、商品価値が飛躍的にあるいは決定的にアップすることが数値的・客観的に証明可能かつ合意可能な場合
→予備費を使ってGO

④初期コストがアップしても商品価値がそれほど変わらない場合
→ NO

⑤商品価値のアップより初期コストのアップのインパクトが大きい場合
→ NO

デザインとスケジュールの戦い

デザインとスケジュールもトレードオフの関係になる。しかし、スケジュールに関しては、マスタースケジュールを変更することは、プロジェクトの根幹を揺るがす一大事なので、よほどの事態を除いては、大原則はマスタースケジュールを変更しない範囲での検討となる。多少の商

品性の向上程度ではマスタースケジュールを動かすことはまずありえない。中期の実行スケジュールや短期の課題解決スケジュールの中で手戻りや追加業務によるスケジュールの遅れが吸収できるかどうかを検討する。さらに、スケジュールの最も厳しい要素に抵触しないことも重要な判断要素となる。

〈GO サインを出すスケジュールと商品価値のバランス〉

①マスタースケジュールを遅らせる
→ NO
②マスタースケジュール、実行スケジュールは変更なし。課題解決スケジュールは変更になるが吸収可能で、商品価値がアップと想定される
→ GO
③マスタースケジュールは変更なし。実行スケジュールは変更になるが吸収可能で、商品価値はアップすることが客観的・数値的に証明できる
→ GO の方向で検討する
④マスタースケジュールは変更なし。実行スケジュールは変更になるが吸収可能で、商品価値はアップすると想定されるが客観的に証明できない
→ NO の方向で検討する
⑤マスタースケジュール、実行スケジュール、課題解決スケジュールは変更なし。商品価値がアップすると想定される
→ GO

4–プロフェッショナルなデザイナーの参画

様々なデザインの職能

建築・都市開発プロジェクトでは、プロジェクトの特性、グレード、規模、施設構成によって、建築設計者以外に様々な職能のデザイナーとコンサルタントを登用する。主なデザインの職能別登場人物は以下の通

りである。

〈デザインの職能別登場人物〉

①デザインアーキテクト
②インテリアデザイナー
③商環境デザイナー
④照明デザイナー
⑤ランドスケープデザイナー
⑥サイン＆グラフィックデザイナー
⑦キッチンコンサルタント

建築設計については建築設計事務所が担当するが、大規模複合開発プロジェクトでは、通常の基本計画・基本設計・実施設計・契約図書の取りまとめ以外に、プロジェクトの様々な調整と推進、開発手法や申請、デザイナー間のコーディネーション、そして、コストやスケジュールといったプロジェクトマネジメントの領域との調整など業務量は膨大かつ複雑で、そのほとんどのプロジェクトで大手の組織設計事務所が担うことになる。開発事業者側から見ても、そのような業務の経験やノウハウを備え、長期間のパートナーとして信頼に耐える建築設計事務所を選定することは自然なことである。

ただ、組織設計事務所は、良きにつけ悪しきにつけ、合理的で論理的な設計手法を用い、経験主義が基本にあり、品質とリスク回避を重視し、時代を切り拓く新規のデザインへの挑戦には消極的で、不確実なデザインよりマネジメントを優先する傾向にある。そこで、デザインアーキテクトという職能が登場する。

デザインアーキテクトのポジションは、建築設計のマスタープラン、プランニング、空間構成、外観デザイン、外装デザインなどを、建築設計事務所のサポートのもとに担当する。ほとんどが、国内外を問わず個人の著名建築家か海外の組織建築設計事務所がその任にあたる。本来であれば、安易に名前に頼らず、才能のある若手建築家を発掘し育成する絶好の機会であるが、組織内やステークホルダーの理解、開発のブランドイメージの形成、オフィスや商業施設や賃貸住宅の床のセールスのやりやすさの点から、なかなか思い切った登用とはなりにくい。組織設計事務所をコアのアーキテクトとして選定し、著名建築家をデザインアーキテクトとして選定することは、手堅い手法、コンセンサスを取りやすい手法という点で共通するセンスなのかもしれない。大規模プロジェクトは仕方がないが、中規模プロジェクトでは、まったく異なる実験的な組み合わせに挑戦してほしいものだ。

インテリアデザイナー、商環境デザイナーが重要なのは言うまでもないだろう。建築設計が、全体の秩序とバランスを考えてゾーニング、プランニング、空間構成、機能構成、デザイン、ディテールなどを構築していくことだとすると、インテリアや商環境は、客の目線に近い空間や場所に、食べる、働く、楽しむ、休むなどの人の行為そのものを空間構成やデザインに置き換えていくことである。前者がより論理的・客観的な解決が重視されるのに対し、後者はそれに加え感覚的なアプローチや主観的な解決が支配的である。

そのほか、多くのプロジェクトで、照明デザイナーやランドスケープデザイナーが登用される。また、プロジェクトによっては、特殊な職能が必要となる。サイン＆グラフィックデザイナー、キッチンコンサルタントなどである。

2000年以降に東京に開業した主要な大型複合施設のプロジェクトマネジメントを行った組織と、それぞれのプロジェクトで登用された建築設計事務所、デザインアーキテクト、ホテル部分のインテリアデザイナーの一覧を表9に示す。

その他、大型商業施設では、「ラゾーナ川崎」でリカルド・ボフィール（スペイン）、大型複合開発では、「東京中央郵便局再開発」（商業施設は「キッテ」）ではヘルムート・ヤーン（アメリカ）と隈研吾（商業部分）、「新丸ビル」ではマイケル・ホプキンス（イギリス）などが役割や呼び名は様々であるがデザインアーキテクトとして関わっており、建物のデザイン性だけでなく、プロジェクトのブランディングや商品性の構築に大

表 9　東京で 2000 年以降に開業した主要大型複合施設に関わった組織・デザイナー一覧

		東急キャピトルタワー	六本木ヒルズ	東京汐留ビルディング	丸ノ内トラストタワー
開発ディベロッパー		東急電鉄	森ビル	森トラスト+住友不動産	森トラスト
プロジェクトマネジャー		東急電鉄 東急ホテルズ	森ビル、森ビルホスピタリティコーポレーション	森トラスト 住友不動産	森トラスト、JLL、サトウファシリティーズコンサルタンツ
建築設計事務所		東急設計コンサルタント 観光企画設計社	森ビル 入江三宅設計事務所 山下設計 槇総合計画事務所 日建ハウジングシステム 森村設計	安井設計 竹中工務店	森トラスト 安井設計 森村設計 戸田建設 鹿島建設
デザインアーキテクト（建築）		隈研吾	KPF ジョン・ジャーディ（商業）	—	—
開発規模	敷地面積	6,382.87m²	17,069m²	14,375.28m²	68,891m²
	延べ床面積	72,221.24m²	759,100m²	190,256.92m²	180574.94m²
	最高高さ	119.06m	—	180m	178m
	階数	地上 28 階　地下 5 階 塔屋 3 階	地上 54 階　地下 6 階	地上 37 階　地下 4 階 塔屋 2 階	地上 37 階　地下 4 階
用途		オフィス、ホテル、共同住宅	商業・映画館、レジデンス、オフィス、ホテル、美術館、TV 局本社	オフィス、ホテル、商業	オフィス、ホテル、商業
ホテル名称		ザ・キャピトルホテル東急	グランドハイアット東京	コンラッド東京	シャングリ・ラホテル東京
ホテル	契約	賃貸	運営委託	運営委託	運営委託
	ホテルオペレーター	東急ホテルズ	ハイアット	ヒルトン	シャングリ・ラ
	客室数	251 室	389 室	290 室	202 室
ホテルインテリアデザイナー		観光企画設計社 エド・タートル （基本デザイン）	ピーター・レメディオス ドン・シエンベーダ スーパーポテト トニー・チー	GA デザインインターナショナル	HBA アンドレ・フー

		パシフィックセンチュリープレイス丸の内	虎ノ門ヒルズ	日本橋三井タワー	東京ミッドタウン
開発ディベロッパー		レールシティ東開発	東京都・森ビル	三井不動産	三井不動産 SPC
プロジェクトマネジャー		パシフィックセンチュリーグループ	森ビル、森ビルホスピタリティコーポレーション	三井不動産	三井不動産 日建設計
建築設計事務所		日建設計 竹中工務店	日本設計	日本設計	日建設計
デザインアーキテクト（建築）		—	—	シーザー・ペリ&アソシエーツ	SOM、隈研吾、青木淳、安藤忠雄、コミュニケーション・アーツ（商業）、坂倉建築研究所
開発規模	敷地面積	6,382.87m²	17,069m²	14,375.28m²	68,891m²
	延べ床面積	73,586.87m²	244,360m²	133,855.68m²	563,801m²
	最高高さ	149.8m	255.5m	194.69m	248.1m
	階数	地上 32 階　地下 4 階 塔屋 1 階	地上 52 階　地下 5 階 塔屋 1 階	地上 39 階　地下 4 階 塔屋 1 階	地上 54 階　地下 5 階 塔屋 2 階
用途		ホテル、オフィス、商業	オフィス、ホテル、商業、共同住宅、国際会議場、道路（環状 2 号線）	商業、オフィス、ホテル	オフィス、ホテル、商業、住宅・サービスアパートメント、美術館
ホテル名称		フォーシーズンズホテル丸ノ内	アンダーズ東京	マンダリン・オリエンタル東京	ザ・リッツ・カールトン東京
ホテル	契約	運営委託	運営委託	賃貸	賃貸
	ホテルオペレーター	フォーシーズンズ	ハイアット	マンダリン・オリエンタル	ザ・リッツ・カールトン
	客室数	57 室	164 室	179 室	248 室
ホテルインテリアデザイナー		ヤブ・プッシェルバーグ	トニー・チー	リム・テオ・アンド・ウィルクス 乃村工藝社、イリア A.N.D.（小坂竜）	フランク・ニコルソン 日建スペースデザイン

きな影響を与えている。

デザイナーの選定プロセス

プロジェクトに参画してもらうデザインの職能を決定すると、それに相応しいデザイナーを選定することになるが、そのプロセスは以下の通りとなる。

〈デザイナー選定のプロセス〉

①ロングリストの作成
②ショートリストの作成
③候補者の参加意思確認
④ RFP（Request for Proposal、提案の依頼書）
⑤インタビュー
⑥デザイナー決定
⑦契約交渉→契約

ロングリスト作成は、プロジェクトの特性に適合しそうなデザイナーの一覧表を作成することである。この段階では、あまり強いバイアスをかけずに、実績のあるベテランから旬な中堅、あるいは売り出し中の若手など国内外から幅広くリストアップする。概ね15社から20社（あるいは人）をリストアップする。一覧表には、組織名、デザイナー名、国、主要実績、日本における実績（ない場合はアジアにおける実績）を記入する。

ショートリスト作成は、プロジェクトの基本理念、開発組織の特徴、ステークホルダーの特徴、求めるデザインの方向性、実績評価により、ロングリストの中から7〜8社（人）前後の候補に絞り、さらにデザインの多様性、パートナーとしての信頼性や柔軟性、仕事のしやすさ、契約リスク、デザイン料の多寡、適応力などの情報収集・実地調査を行い、5社（人）前後に候補を絞り一覧表を作成することである。

こちらがいかに熱い思いを持っていても、相手が忙しかったり、プロジェクトに興味がなかったり、体制が組めるかどうかの問題もあるので、次に、ショートリストに載せたデザイナーに連絡をとり、プロジェクトに参加する意思を確認する。プロジェクトの概要、体制、開発に至った経緯、大まかなスケジュールと業務範囲、どのようなグレードとデザインを求めていて、何を期待して何故あなたに声を掛けたかを明確に伝える。今までの経験では、20%程度は断りの返事がくる。希望順位の高い相手には、有効なコネクションを使ったコンタクトを試みることも重要である。

能力を信頼して候補を1人に絞る場合は、参加意思を確認すると、インタビューの段階に進む。これは、ポリシーが明快でないとできない潔い方法ではあるが、ほとんどのプロジェクトは、組織内の事情やステークホルダーとの合意形成を考え、あるいはパートナーとしての信頼性や柔軟性を確認するという過程を踏むことを重視し、複数の候補者の中から選択することになる。そこでRFP（Request for Proposal）を作成する（図4）。

RFPはデザイナーに対する提案の依頼書である。プロジェクトの概要と条件を詳細に示して、デザイナーから、プロジェクトに対する考え方、プロジェクト体制、デザイン料と経費の3つの提案を依頼する。それに加え、簡単なデザイン提案やスケッチの提出を求めることもある。デザイン提案やスケッチを求める時は当然その行為に対するデザイン料が発生するので、予算化しておく必要がある。無償というのはおすすめ

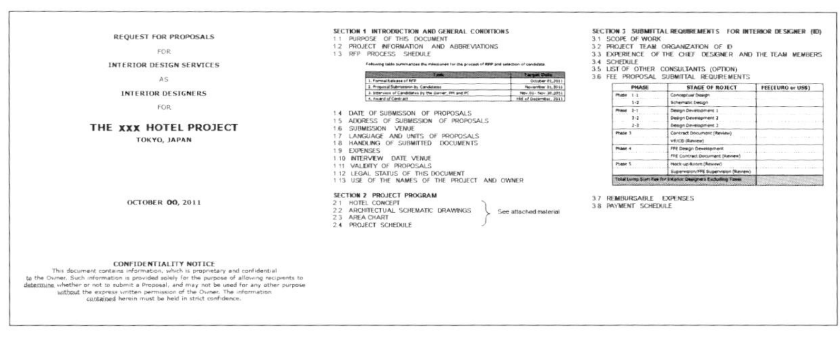

REQUEST FOR PROPOSALS

FOR

INTERIOR DESIGN SERVICES

AS

INTERIOR DESIGNERS

FOR

THE xxx HOTEL PROJECT

TOKYO, JAPAN

OCTOBER 00, 2011

CONFIDENTIALITY NOTICE

This document contains information, which is proprietary and confidential to the Owner. Such information is provided solely for the purpose of allowing recipients to determine whether or not to submit a Proposal, and may not be used for any other purpose without the express written permission of the Owner. The information contained herein must be held in strict confidence.

SECTION 1 INTRODUCTION AND GENERAL CONDITIONS

1.1 PURPOSE OF THIS DOCUMENT
1.2 PROJECT INFORMATION AND ABBREVIATIONS
1.3 RFP PROCESS SHEDULE

Following table summarizes the milestones for the process of RFP and selection of candidate

Task	Target Date
1. Formal Release of RFP	October 01, 2011
2. Proposal Submission by Candidates	November 01, 2011
3. Interview of Candidates by the Owner, PM and PC	Nov. 01 - Nov. 30, 2011
4. Award of Contract	Mid of December, 2011

1.4 DATE OF SUBMISSON OF PROPOSALS
1.5 ADDRESS OF SUBMISSION OF PROPOSALS
1.6 SUBMISSION VENUE
1.7 LANGUAGE AND UNITS OF PROPOSALS
1.8 HANDLING OF SUBMITTED DOCUMENTS
1.9 EXPENSES
1.10 INTERVIEW DATE VENUE
1.11 VALIDITY OF PROPOSALS
1.12 LEGAL STATUS OF THIS DOCUMENT
1.13 USE OF THE NAMES OF THE PROJECT AND OWNER

SECTION 2 PROJECT PROGRAM

2.1 HOTEL CONCEPT
2.2 ARCHITECTUAL SCHEMATIC DRAWINGS
2.3 AREA CHART
2.4 PROJECT SCHEDULE

} See attached material

SECTION 3 SUBMITTAL REQUIREMENTS FOR INTERIOR DESIGNER (ID)

3.1 SCOPE OF WORK
3.2 PROJECT TEAM ORGANIZATION OF ID
3.3 EXPERIENCE OF THE CHIEF DESIGNER AND THE TEAM MEMBERS
3.4 SCHEDULE
3.5 LIST OF OTHER CONSULTANTS (OPTION)
3.6 FEE PROPOSAL SUBMITTAL REQUIREMENTS

PHASE	STAGE OF ROJECT	FEE(EURO or US$)
Phase 1-1	Conceptual Design	
1-2	Schematic Design	
Phase 2-1	Design Development 1	
2-2	Design Development 2	
2-3	Design Development 3	
Phase 3	Contract Document (Review)	
	VE/CD (Review)	
Phase 4	FFE Design Development	
	FFE Contract Document (Review)	
Phase 5	Mock-up Room (Review)	
	Supervision/FFE Supervision (Review)	
Total Lump Sum Fee for Interior Designers Excluding Taxes		

3.7 REIMBURSABLE EXPENSES
3.8 PAYMENT SCHEDULE

図4　REPの例

できない。一流の人や忙しい人は話に乗ってこない。また、敷地調査や条件説明で発生する交通費などの経費も予算化しておかねばならない。

デザイナーからRFPに対して3つあるいは4つの提案が出てくると、プロジェクトに対する熱意、パートナーとしての信頼性、スケジュールとの整合性、デザイン料と経費の予算との整合性、そして、デザイン提案がある場合にはその提案内容を比較検証し最終インタビューを行う2〜3社（人）を決定する。そして、インタビューを行い、デザイナーを最終的に決定する。

Beyond Boundary / あとがきに代えて

日本では、10年前からのグローバル化の功罪と、安い人件費と巨大なマーケットを求め価格競争力に軸足を置いた国際進出で多くの誤算が生じたにもかかわらず、その検証もほとんどなされないまま、またも産官学で国際化が大合唱されている。まるで、アメリカ東部エスタブリッシュメント並みの論理的思考力、検定で最上位と評価された語学力、TED顔負けのプレゼン力を携えたエリートビジネスマンが世界を相手に仕事をすること、世界の学者がこぞって引用するレベルの論文を量産できる研究者を育成することを、企業活動と教育研究活動の理想に置いたかのようだ。だが実際には、そんなところに若い人を一気に連れていく魔法はない。

僕がまだ20代であった1980年代の中頃から、国内の仕事における海外の会社との調整や外国人デザイナーとの協同が始まり、2000年代に入る少し前から、中国と台湾の都市を舞台に恐る恐る仕事が進み、成果が出だしたのは2000年代中頃からで、現在では、当たり前のように中国語の契約書を作成して現地ディベロッパーと仕事を協同する状況である。いわば、建築・都市開発の領域での国際化の端くれに長く身を置いているのだが、こんな程度のことでも、一日にして成らずである。大小の成功と失敗の経験値の蓄積、人と人との国籍と文化背景を超えた相互理解、冒険を厭わずも地に足をつけた企業の経営方針とチームへの継続的な支援、日本の技術と文化の特徴と強みを国際的な視点で考える教育、そして産官学一体になって若い人が海外へ挑戦する場と機会を創出する支援、それらの地道な積み重ねと相乗効果が何より重要で唯一の道だと考えている。国際化とは、それぞれの人が、それぞれの文化背景を生かしつつ培った腕やセンスに磨きをかけ、広い視野とオープンマインドで、“Beyond Boundary”つまり様々な垣根を超えて信頼関係を構築しながら活動することにほかならない。

建築・都市開発の領域においては、日本は、マーケティング力、商品企画力、語学力を含めたコミュニケーション力、プレゼン力、突破力はまだまだ経験値も教育レベルも上げていく必要があると実感するが、世界で戦える武器はすでに持っているのである。

1つめは言うまでもなく技術力である。日本の、品質に対するエネルギーのかけ方ときめ細かさ、その成果である製品のクオリティの高さ、地震や厳しい環境条件のなかで培ってきた統合的な技術力、大量生産から工芸品のような一品生産までをレベル高くこなす技術の蓄積、どれをとっても世界に誇れるものであろう。2番めにデザイン力である。建築にしてもプロダクトにしても、長い伝統と異文化を組み合わせて日本流に発展させる能力と、デザインを端正な表現に洗練させていく能力はやはり独特のものであろう。3番めは世界でも際だって独特の地位を確立している日本文化である。

異なる文化背景を持つ組織と人が納得でき、信頼関係が構築できるフェアな方法論で、それら培ってきた武器を有効に機能させハイブリッドさせて、日本や世界の様々な場で、多様な課題を解決に導き、魅力的な都市をつくりだしていくことに少しでも貢献する。それが、創造的で柔軟なプロジェクトマネジメント＝“クリエイティブ プロジェクトマネジメント”の意義であり目的であり成果であると考えている。

この本を手にとった若い人たちが、少しでも Beyond Boundary の志を抱いてくれれば幸いである。

2015年2月

山根 格

山根格（やまね・ただし）

1956年生まれ。1980年京都大学工学部建築学科卒業、82年京都大学大学院工学研究科建築学専攻修了。82年日建設計入社。97年同社設計室長、2000年同社設計室長兼プロジェクトマネジメント室長、03年同社設計室長。06年日建設計退社、ydd（yamane design directions）設立、同社代表取締役、現在に至る。09年東京都市大学都市生活学部准教授、15年同学部教授、プロジェクトマネジメント研究室主宰。

日建設計では、パシフィコ横浜（ホテル、会議センター）、クイーンズスクエア横浜（ホテル、商業施設）、大分オアシスひろば21、ディズニーアンバサダーホテル、日本科学未来館、新横浜中央ビル、テラス蓼科リゾート＆スパなどの設計、企画、プロジェクトマネジメントを担当。その他、東京スカイツリーと渋谷ヒカリエの初動段階の建築企画、複数のホテル改修のプロジェクトマネジメントを担当。

yddでは、ザ・キャピトルホテル東急再開発、グランドプリンスホテル赤坂再開発、N新駅ビル複合開発、沖縄・東京・京都・奈良等における複数のホテル計画などの企画、プロジェクトマネジメント、コンサルティング業務を担当。そのほか海外でも、台湾や中国でホテルやリゾート施設の企画、設計、コンサルティング業務を行い、海外の会社と協同で行う仕事も多い。

建築・都市のプロジェクトマネジメント
クリエイティブな企画と運営

2015年3月31日　初版第1刷発行
2021年7月20日　初版第2刷発行

著　者………山根格
発行者………前田裕資
発行所………株式会社学芸出版社
京都市下京区木津屋橋通西洞院東入
電話 075－343－0811　〒600－8216
装　丁………上野かおる
印　刷………オスカーヤマト印刷
製　本………新生製本

ISBN 978－4－7615－2592－7